U0932013

香港珠海學院
新動力・新金融

創業，從無到有的旅程

——創業者必備的八項修煉

陳晟、雲麗虹、孔笑微、張俊喜 ㊟

中華書局

目錄

序言

創新常被視為創業的源泉，而創業則是創新的生動體現。在過去的幾十年裏，無數的書籍、新聞報道和名人演講讓我們對創業者的崛起與成功習以為常。許多創業者的傳奇故事更是讓人熱血沸騰，廣為流傳。許多人將創業視為人生發展的重要里程碑，從初期的熱情與全身心投入，到逆境中的艱難融資與生存掙扎，再到發展階段的持續創新與戰略規劃，最終實現企業的擴張與價值創造。每一位創業者都在書寫着他們獨一無二的創業故事。然而，許多創業者卻未能看到這個故事的高潮與成功，最終在競爭對手的猛烈攻勢或市場的無情淘汰中敗下陣來。不幸的是，這些令人沮喪的故事屢屢上演，儘管過程各異，結局卻似乎總是驚人的相似。

在我的職業生涯中，我曾與許多初創公司和創業者有過深入的接觸。在我早期的職業選擇中，我也曾以創業者的身份投身創業，並取得過階段性的成功。然而，當我在創業過程中遇到發展瓶頸時，我也像許多創業者一樣，感到迷茫而不知所措。最終，在經歷了彷徨與反思後，我選擇了重新學習創業知識，並將創業與創新的研究與推廣作為我新的人生目標。我曾目睹許多初創企業因錯誤的創業思維和方法而迅速走向失敗，也曾見證一些企業在發展到一定規模後，因自身的惰性、官僚主義、短視行為和文化衝突而導致競爭力急劇下降。儘管這些企業都希望通過創新重振旗鼓，但大多數都以失敗告終。隨着我對創業活動的深入思考，我逐漸意識到，這些難以捉摸的失敗原因，往往與創業者對關鍵創業因素的認識不清密切相關，而不僅僅取決於他們是否具備創新能力。誠然，創新能力是企業成功的源泉，但它並非唯一的決定因素。諸如創業的初始思維、市場定位、環境分析、戰略規劃、領導力等多種因素，都會對創業的成功與否產生深遠影響。而創新方法的運用是否得當，同樣會左右創業的最終結果。事實上，如果創業者希望提高成功的概率，必須從自身的修煉與武裝開始。

那麼，創業者究竟需要甚麼來武裝自己，以提高創業成功的可能性？僅僅依靠創新是否足夠？事實上，許多創業者自己也難以給出明確的答案。本書試圖從八個不同的維度，剖析創業者在創業過程中應掌握的基本修煉技能，旨在為創業者指明一條從無到有的創業之路。然而，世界上並不存在一種能夠確保創業持久成功的靈丹妙藥或最佳方法。關於創業，不同的創業者有不同的解讀與路徑，因此無法為創業成功提供一套放之四海而皆準的藍圖。本書的初衷，是希望能夠幫助更多創業者找到最適合自己的創業之路。因為創業的道路上荊棘遍佈、危機四伏，我希望這本書能夠成為創業者旅途中的一盞明燈，激勵他們繼續前行。

本書的第 1 章由陳晟副教授與張俊喜教授共同撰寫；第 2 至第 6 章由陳晟副教授獨立撰寫完成；第 7 章由陳晟副教授與雲麗虹副教授合作撰寫；第 8 章則由陳晟副教授與孔笑微副教授共同撰寫。書中所涉及的絕大多數案例均來源於公開信息。

本書的完成離不開香港珠海學院領導與同仁的鼎力支持。我們衷心感謝香港珠海學院對本書研究的慷慨資助，使得這本書得以順利編撰與出版。同時，我們也十分感謝香港珠海學院商學院的各位同事在編寫過程中提供的寶貴意見與幫助。此外，我們還要特別感謝每位編者的家人，感謝他們在整個編撰過程中給予我們的理解與支持。

第 1 章

建立創業思維

學習目標

通過對本篇的學習，您將了解到：

1、如何造就自己初始的創業夢想？

2、創業者如何培養創業精神？創業精神在創業中的體現。

3、創業者如何形成創意思維，包括哪些常用方法？

1.1 創業需要夢想

引入案例

在 1955 年秋季的一個宜人日子裏，美國華盛頓州西雅圖市誕生了一個男嬰。他的父親是一位律師，母親則執掌教鞭。這個孩子自幼便在書海中遨遊，家中豐富的藏書隨他盡情翻閱，父親對他寄予厚望，希望他能繼承自己的衣缽，成為一位傑出的律師。然而，這位男孩不僅對各類運動充滿熱情，尤其喜愛參加夏令營，更在言談間展現出超乎常人的聰穎，他的成熟舉止和深刻見解常常讓人忘卻他還是個孩子。

男孩對數學和電腦的熱愛始於幼年，身邊朋友常被他那高深莫測的話語所折服，認為他比同齡孩子更為聰明。中學時期，學校為他提供了一個充滿創造力的環境，讓他得以自由發揮自己的潛力。他不僅沉迷於編寫程式，更是將自己的才華轉化為實際成果，將一款自主研發的課程管理系統軟體賣給了自己的學校，並因此獲得了 4,200 美元的豐厚報酬。他對電腦和商業的熱愛近乎癡迷，堅信自己能在這兩個領域實現夢想。

中學畢業之際，他向同學們透露了自己的宏偉夢想：在 25 歲前賺到第一個 100 萬美元。他深信，電腦終將會像電視一樣普及至每一個家庭，而為這些電腦編寫軟體將是一個巨大的市場。他滿懷激情地說：「讓我們喚醒這個世界，並給它推銷點東西吧。」1973 年，這個男孩踏入了哈佛大學的校園，儘管他聽從父親的建議，選擇了法律專業，但這並未阻止他對電腦的熱愛。在老師和同學眼中，他並非傳統意義上的好學生，上課時常打瞌睡，生活無規律，但他的興趣始終聚焦於電腦。

1974 年，當第一台個人電腦問世時，他和志同道合的夥伴斯提夫（Steve Ballmer）意識到，他們的夢想或許即將成為現實。隨着個人電腦微處理器的發展，為電腦編寫軟體的需求日益增長，而這正是他們的專長。他們認識到，電腦技術的發展速度迅猛，若等到大學畢業，可能會錯失一個千載難逢的機遇。因此，他毅然決然地從哈佛退學，開始了創業之旅。不久後，一家名為「微軟」的新公司應運而生。這個男孩，就是微軟的創始人——比爾．蓋茨（Bill Gates）。

我們每一個人都需要夢想，正是那些曾經懷揣改變世界夢想的人們，塑造了這個多彩的世界。許多原因可能驅使某個人踏上創業之路，但在創業之初，每位潛在的創業者都需要懷有一份改變現狀的夢想。雖然創業夢想並非萬能，但沒有夢想則更難取得創業的成功。

許多的創業研究者一直在探討人們選擇創業的動因。早期的創業者可能是因為找不到理想工作，或者巨大的經濟壓力而走上創業之路。然而，在經濟和社會環境日益成熟的今天，愈來愈多的人選擇創業不再是出於無奈，而是出於對創業夢想的追求。當今世界的創業者在創業初期可能來自於不同行業，具有不同特質和背景，但他們都有一個共同點：那就是對創業夢想的熱情，以及通過創業使世界變得更美好的堅定信念。

從呱呱墜地到茁壯成長，人生是一場不斷探索和確定個人熱情與目標的旅程。成長的過程促使我們愈發清晰地面對現實，認識到我們是否需要做出改變，以及如何做出改變。結論是我們需要堅信自己應該做出何種改變，並致力於達成這些改變，從而建立一個堅定的人生目標。為了實現這一目標，我們需要深思並回答一些關鍵問題：我們如何改變現實？我們如何使世界變得更加美好？我們的人生夢想究竟是甚麼？在有限的一生中，我們能做些甚麼？我們未來能為世界留下些甚麼？

創業夢想的產生、目標的明確和創業熱情的建立，將成為創業的前提和驅動力。即使面對未來創業過程中的跌宕起伏，我們仍需要保持飽滿的熱情和明確的目標。創業者在面對未來的不確定性、風險以及創業實施中的失敗時，需要在反覆嘗試中不斷尋找正確的方向，並忍受實現夢想前的漫長過程。

要搭上創業夢想變為現實的列車，潛在的創業者需要建立科學而完整的創業思維。在此基礎上，他們需要尋找到創業時機，並需要完善創業計劃。只有通過不斷完善和修訂創業期間的戰略；利用創業過程不斷增強自身實力；培養項目的市場競爭能力，才能最終實現成功創業和持續性發展。

而創新正是實現和完成這個夢想的關鍵。創新不僅僅是創業者做出新的預測、制定新的使命和願景，同時還需要根據內外部環境的變化，不斷實施新的企業設計、商業模式和計劃。這一系列的創新操作將使創業者能夠在戰略、運營、組織三個方面釐清企業未來的新定位和差異化戰略。因此，創業是改變創業者人生命運的一次選擇，創新是每個人不斷追求進步的驅動力。如果我們即將展開創業之旅，將我們的創業夢想與人生的使命相結合，為了改變平凡的現在，積極地擁抱未來，這一切都需要創業者深入思考自己生活的宏大目標。諸如：我們為甚麼需要思考未來？我們究竟能憑藉甚麼貢獻而被銘記？

尋求答案的過程往往就成為了創業的過程，因為創業關乎夢想的追逐，關乎我們如何在這個世界留下自己獨特的印記。

1.2 如何培養創業精神

「阿里巴巴的中國夢，就是為全球服務」，馬雲曾如此定位他的公司。在中國，馬雲和「阿里巴巴」的名字可謂家喻戶曉，他們的成功故事無時無刻不在展現着獨特的創業精神。

馬雲出生在杭州一個普通的家庭，而他的創業故事卻一點也不普通。在美國的一次訪談中，他回憶了自己的過去：大學考試三次才成功，求職過程中遭遇 30 多次拒絕。甚至在肯德基的招聘中，他是唯一那個被刷下來的候選人。然而，憑藉堅定的意志和獨立的精神，他努力地學習英語，並在杭州的西子湖畔免費為外國人做導遊，以開拓自己的視野。後來他成為了杭州師範大學的一名英語教師。在訪問美國期間，他首次接觸到了互聯網，意識到自己的創業機會也許已經到來了。

在那次訪問結束之後，馬雲決定辭去教職，投身於互聯網商業經濟。儘管在説服他的朋友們共同創業時遭到了 24 人中的 23 個反對，但他並未放棄。在經歷了種種籌資失敗後，他終於與 17 位同樣充滿創業激情的年輕人聚在了一起，他們湊齊了 50 萬元作為創業的啟動資金。馬雲和團隊成員滿懷豪情地宣誓：「我們一定要打造一家讓世界矚目、讓中國人驕傲的公司！」，「阿里巴巴」就這樣誕生了。創業初期，公司經濟拮据，團隊成員在出行上極盡節約從而儘可能地降低成本。儘管團隊對阿里巴巴的未來方向存在着分歧，但是馬雲堅信服務小微企業是未來的主要發展方向，因為它們佔據着更廣泛的市場，擁有着更廣闊的發展前景。

幾年後，企業的定位得到了市場和資本的驗證與支持，成為了全球化的小微企業服務商。馬雲説：「現在回想起來，我們是幸運的。」隨着企業商業模式的巨大成功，公司在 1999 年接受了高盛基金領投的 500 萬美元投資，2000 年又獲得了軟銀的 2000 萬美元投資。2014 年，阿里巴巴在美國紐約成功上市，籌資了 218 億美元，創下了歷史上最大的 IPO 規模。如今的阿里巴巴已經成為一家集合電商、物流、金融、支付等業務於一體的全球化知名企業，馬雲以其傑出的創業精神引領了這家企業的巨大成功。

「Entrepreneurship」是一個內涵豐富的詞彙，它可以被翻譯為「創業精神」或者「企業家精神」。其核心在於創新，創業者通過創新的方式，更有效地利用資源，以便為市場創造出新的價值。創業精神不僅僅存在於初創企業中，也存在於成熟企業中，只要存在創新，就一定具有創業精神的存在。

當創業者根據自己的夢想和努力去創立一家新企業時，無論是新公司的創建、新組織單位的生成，還是提供新的產品或服務，都已經種下了創業精神的種子。因為創業本身就是一個從無到有的旅程，創業者只能通過建立新思想、新變化、新發展，才能產生新的企業價值。因此，創業精神必須通過創造新的企業價值，將創新帶入到現有的創業過程和市場中，包括建立新資源、新產品、新服務、新制度、新流程等。創業精神可以被濃縮為促進企業建立、成長和發展的新能源以及新動力。

1.2.1 創業精神的核心要素

創業精神是創業者追求新思想、解決問題和創造新價值的獨特心態和行動方式。構成創業精神的五個核心要素包括：

創新　創新是創業精神的核心，它不僅關乎新產品或服務的發明，更涉及如何發現和實施新方法以滿足市場不斷增長的需求。創新要求創業者具備好奇心、開放性思維，並加強持續探索和實驗。成功的創業者通常是那些能夠預見未來趨勢並快速適應變化的人。

領導力　領導力是創業者引導和激勵團隊向共同目標前進的能力。偉大的領導者能夠設定清晰的願景、建立信任、激勵團隊成員、並推動他們超越自身的限制。在創業環境中，領導力還包括創業者在面對不確定性和風險時的果斷決策能力。

動機　創業動機是創業者的內在驅動力，用以激勵他們克服諸多的困難和挑戰。創業者通常需要在缺乏外部激勵的情況下長時間工作，並持續追求卓越。具有強烈創業動機的人具有高度的自律和對成功的深切渴望，這使他們在遇到逆境時能堅持不懈。

風險把握能力　創業充滿了不確定性和風險。有效的風險把握能力使創業者能夠識別潛在的障礙，以便評估風險的大小，並制定策略來減輕或避免這些風險，包括財務風險、市場風險、技術風險和運營風險等。

適應能力　在快速變化的商業環境中，適應能力是創業者生存和成功的關鍵。創業者需要能夠迅速適應市場變化，並靈活調整創業策略和計劃。面對失敗和挫折時，他們需要迅速恢復並繼續前進，從而將失敗當成學習和成長的機會。

總結而言，創業精神的核心要素是多維的、相互關聯的，並共同為創業的過程做出貢獻。理解和實踐這些要素可以幫助創業者更好地把握機遇，面對挑戰，並推動創業者的企業向前發展。以下將對創業精神與五個核心要素的關係進行深入探討。

1.2.2 創業精神與創新

創新是創業精神的核心組成部分，是變革的同義詞。正如希臘哲學家赫拉克利特所説：「世界唯一不變的就是變化本身」。創新可以幫助創業者在創業過程中開拓出新的增長點，提高創業企業的市場競爭力。

創業精神與創新之間具有緊密的相互作用。首先，創業精神可以激發創業者主動尋找消費者尚未滿足的需求和消費「痛點」，打開新的市場缺口。其次，在創業初期的資源組織方面，創業精神可以有效激發創業者的熱情；有效地組織有限的創業資源以支持可能具備前景的創新項目，包括資金、人才和技術的獲取和整合。再次，創業精神將大大提高創業者在創新過程中的風險承擔能力，包含對創業風險的評估和管理，增強創業者面對創業風險的柔韌度。在面臨風險挑戰時，創業精神起到對創業目標不斷堅持的精神力量。最後，創業精神有利於創業企業的持續改進，創業是一個從無到有的持續的過程，需要創業者不斷地評估、學習和改進。

同樣，創業精神與創新也面臨着諸多挑戰，如文化阻力、資源限制、市場不確定性和消費者對創新的接受度等等。克服這些困難和挑戰，需要創業者利用自身的創業精神為企業建立符合企業特徵的創新文化，創業者應該鼓勵員工提出新思維，並為他們提供實驗和實施想法的空間。同時，創業者需要科學和靈活地管理創業資源，例如：通過合作夥伴關係、戰略投資和創新的融資方式來克服資源限制。在面對市場不確定性和消費者需求的挑戰時，創業者需要敏鋭捕捉消費者的需求和市場的趨勢，將不利的因素通過層出不窮的創新手段轉化為創業有利因素，以降低市場不確定性給企業帶來的風險。

1.2.3 創業精神與領導力

在創業的征途上，領導力是創業者引領團隊、激勵成員朝着共同目標前進的關鍵動能。創業者需要藉助創業精神繪製清晰的願景藍圖，構建團隊成員之間的信任與支持，激發員工不斷突破自我和追求卓越。

創業精神如同一股不可抗拒的力量，能夠激發創業者設定宏偉的創業願景，通過展示這一願景來設定目標，激勵初創企業員工為之不懈努力。正是這種精神，賦予創業者以企業引航者的身份，發揮其領導力，敢於冒險，嘗試創新的方法與策略，同時塑造一個充滿活力、高效率的團隊，共同迎接創業過程中所要面對的挑戰。在創業的浪潮中，創業精神與領導力相輔相成，共同提升企業對市場和技術變革的適應力，使企業能夠靈活應對市場和環境的風雲變幻。

不過，創業精神所激發的領導力也會遭遇種種挑戰。因為創業者在創業過程中需要不斷做出迅速而關鍵的決策，這對於資源有限的初創企業而言，無疑是巨大的壓力。同時，在創業初期，運用領導力來維持並增強團隊的動力與凝聚力，對創業者而言也是一種嚴峻的考驗。面對挑戰，創業者需要儘可能構建一個開放的支持系統，吸引包括顧問、股東、員工或合作夥伴在內的更多利益相關者的參與，以分擔決策的壓力。同樣，通過領導力可以培育創業團隊文化，提高透明度、開放性和協作性，從而增強團隊的凝聚力。

1.2.4 創業精神與動機

創業夢想的火種，在內外部環境的催化下將會孕育出創業動機。這些動機通常源自於個人內在的創業渴望，或是外部環境刺激所產生的創業需求，事實上兩者並不矛盾，甚至可能在創業初期並存。內在動機涵蓋了對成就的追求、對自主性的嚮往以及對工作的熱愛。外部動機可能源自於對市場機會的洞察、對財富的追求、社會或家庭需求的變化，或是政策環境的支持。

作為創業精神的核心組成部分，創業動機構成了創業者的重要驅動力。在這種動機的激勵下，創業者對創業往往懷有強烈的成功慾望，他們希望通過自己的努力實現目標以及獲得他人對自己的認可。他們珍視創業所帶來的自我決策自由，滿足對獨立自主的嚮往，這種自主性成為許多創業者的重要推動力。在面對漫長且充滿挑戰的創業之路時，創業動機能夠激發創業者對工作的熱愛和持續的投入，不斷進行優化和創新。創業動機同樣使創業者能夠敏鋭地發現市場機會，通過捕捉市場缺口的外在刺激來激發創業行動。

創業精神的作用之一就是在不斷變化的內外部環境中，成為維持並加強創業動機的驅動力，創業者需要不斷地自我激勵、增強自信、維持動力，也可以從朋友、家人和同行的支持中汲取力量。內在動機和外在動機共同構成了創業動機的主要源泉。創業者需要不斷地維持和加強這種驅動力。

1.2.5 創業精神與把握風險的能力

創業精神與風險把握是創業成功的關鍵平衡點。創業精神是一種追求機會、勇於創新、並願意承擔風險的心態。在創業過程中，創業者接受和把握風險的能力是實現成功的關鍵。風險是創業者在創業過程中不可避免的一部分，這些風險可能源自市場不確定性、技術變革、資金短缺或者競爭壓力。有效的風險管理能夠幫助創業者識別和預防創業過程中的潛在威脅，制定應對策略，並可能在風險中尋找到新的機會。

創業者需要認識到風險的存在，並將其視為實現目標的一部分。把握風險意味着創業者能夠評估風險的大小、可能性和影響，並據此制定策略，包括風險規避、風險轉移、風險減輕和風險接受等不同策略。那麼創業者應該如何在追求機會的同時，合理評估和管理風險呢？可以從以下四個方面尋求平衡：

風險識別　創業者應培養對市場和技術趨勢的敏感性，及時識別相關的潛在風險。

風險評估　創業者對風險的可能性和影響需要進行客觀的評估，避免對風險表現出過度的樂觀或悲觀。

風險策略 創業者需要根據風險的性質和自身的資源狀況，制定合適的風險管理策略。

策略調整 在創業過程中，創業者需要根據情況的不斷變化而靈活調整風險管理策略。

創業精神與風險接受及把握能力之間存在密切的關係。具有創業精神的創業者必須在追求機會的同時，合理評估和管理創業過程中可能面臨的風險。通過培養風險意識、提高風險評估能力、制定有效的風險管理策略，並保持策略的靈活性，創業者還可以在風險中尋找新的市場機會，打造成新的創業出發源泉。

1.2.6 創業精神與適應能力

創業者的適應能力，亦稱為創業韌性，是創業者在面對市場環境的波詭雲譎和挑戰時所展現的靈活性和恢復力。在創業精神的引領下，這種適應性將成為創業者的第二引擎，幫助創業者在遭遇環境突變、政策調整、資源更迭等挑戰時迅速調整創業策略和行為，以應對不同環境變化對創業的衝擊。在創業的征途中，適應能力體現為對市場脈動的敏銳洞察、對挫折的堅韌恢復以及對新情境的迅捷反應。

創業精神激勵着創業者不斷地洞察市場的機遇，並以創新的思維滿足需求。這種對機遇的敏銳識別與創新實踐，無疑要求創業者應該具備強大的適應力、生存力和柔韌性。特別是在創業過程中遭遇各類風險時，創業者所具備的適應能力尤為關鍵，首先它促使創業者有效評估和管理風險，從失敗中汲取教訓和調整策略。其次，創業精神始終鼓舞創業者持續學習，而適應能力則促進他們在實踐中不斷成長與進步。最終，適應能力使創業者能夠靈活調配資源，以新的挑戰作為契機，保持在創業階段的主動和領先。

那麼，創業者應該如何培養自身的適應能力呢？首先，「他山之石，可以攻玉」，創業者應該保持一顆開放的心，樂於接納新知識和多元化視角，與同行、導師及其他創業者建立多方面和多視角的聯繫，以汲取他們的想法、建議和支持。其次，創業者只有通過自我學習提高來不斷適應市場脈動並引領未來的發展。最後，創業者需要加強情緒韌性，學會管理壓力和情緒，保持冷靜的頭腦，以便在逆境中做出明智的決策。

1.3 建立新的創意思維

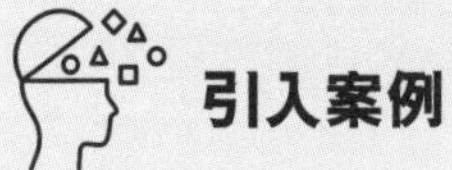

引入案例

紐約港的自由女神銅像在歷經了百年風雨後，鏽跡斑斑，損壞嚴重。紐約市政府決定對其進行翻新與重塑。然而，拆卸下來的 200 多噸建築垃圾，卻因處理費用微薄而無人問津。這時，有一位名字叫斯塔克的美國青年，憑藉獨特的創意思維，自告奮勇地承擔了這項艱巨的清理任務。

斯塔克首先將廢料進行了細緻的分類。他將垃圾中的廢銅送往鑄造廠，改鑄成自由女神紀念塔；廢鉛則改鑄成紀念幣；破碎的水泥則被送往石料加工廠，刻成帶有紀念文字的小石碑，並裝入精美的透明小盒中。這些原本被視為垃圾的廢料，經過斯塔克的巧思，變成了具有紀念意義的商品，它們不僅代表着自由女神像的「身體」，更承載着人們對自由女神像百年情感的紀念。斯塔克將這些紀念品放在自由女神像附近的商店銷售，迅速吸引了來自世界各地的遊客爭相購買。200 噸的垃圾經過創意的轉化後身價倍增，迅速銷售一空。斯塔克不僅僅賺取了 300 多萬美元，更通過這個案例，為那些希望創業卻缺乏資金和機會的人提供了一些寶貴的啟示。

在創業者踏上充滿挑戰與機遇的創業旅行之前，需要構建一套獨具匠心的創意思維體系。正如 John G. Burch 在其創業學專著中所強調的那樣，創業者的靈感源泉應該是多元化的，而不可以形成單一化的思維。具有創意化的創業思維主要可以歸納為兩大類：首先是團隊內部環境的創意激發，其次是外部環境影響的創意激發。

首先，創業者可以通過團隊成員的個人知識儲備和豐富的經驗積累來孕育創意。團隊成員的每一次思維碰撞，都可能激發出創新的火花。其次，外部環境同樣是一個不容忽視的創意來源。無論是通過閱讀報紙、瀏覽雜誌、關注自媒體、訪問網站，還是與政府機構、發明家、潛在消費者等進行交流，都能為創業者帶來新的思維視角和啟發。

這兩種環境的結合，能夠使創意在創業者的腦海中迅速萌芽，成為他們思考問題和解決問題的直接反映。通過探索不同的途徑和採用多樣化的思維方法，創業者可以被激發出各種新穎的創意，並在未來對其進行實踐和測試。

1.3.1 創意的來源

具體而言，創意的孕育往往可以通過以下幾個途徑來實現：深入了解顧客群體的需求；深入研究自己所從事的行業特點；密切關注外部市場的變化；積極與政府組織進行溝通；以及不斷在研究與開發領域進行探索和創新。通過這些途徑，創業者不僅能夠捕捉到靈感的火花，還能夠將這些靈感轉化為實際可行的商業計劃，為創業之路增添無限可能。詳細解釋如下：

顧客需求的洞察與創意激發　創業者應該始終將顧客群體的需求置於核心位置，深入洞察現有及潛在顧客的需求。通過不斷地探索與顧客溝通的新渠道，創業者將會真切地捕捉到顧客的真實聲音，從而激發出創新的靈感。例如：顧客回饋就是創意的寶貴源泉之一，創業者應該鼓勵顧客更多地提出建議，為自己提供更多的創意角度和思路，甚至通過有針對性地創意來採納他們的建議，用於完善其產品或服務。同時，創業者需要評估創意所針對的市場規模，確保市場有足夠的潛力來支撐創業企業的生根與成長。

行業產品優化與創意思維　完美無缺的產品或服務是不存在的。創業者在深入了解顧客回饋後，應及時地發現並識別現有產品或服務的不足之處。這種對行業產品的持續審視和改進能夠激發出更具針對性的創意思維，推動創業者開發出具有巨大市場潛力的行業新產品，從而在未來的市場競爭中佔據優勢。

外部市場動態與創意捕捉　外部市場是創意的另一個豐富源泉。創業者可以通過分銷渠道獲取市場需求的資訊，這些資訊可以成為新產品創意的重要來源。通過分析分銷商提供的銷售資料和建議，創業者可以更有針對性地調整和優化產品或服務，以適應市場的變化，並通過分銷商的網路更好地拓展市場。

政府政策與創意激勵　全球各國政府一般都普遍支持和鼓勵創業，因為創業文化有助於推動社會的經濟發展、優化市場結構、提高國民收入和就業率、以及加速科技的進步。一般而言，政府的智慧財產權管理部門積累了大量的專利技術成果，這些成果本身就是新產品創意的寶庫。創業者可以利用這些資源，結合政府的科技成果的轉化政策，開發出具有商業潛力的新產品。例如：隨着中國政府對環保法規的加強，激勵了社會大眾的環保意識，節能型、環保型、電動型汽車產品成為了汽車行業的新增長點，這種產業的新發展趨勢為創業者提供了新的創意思維方向。

研發成果與創意轉化　創新是創業不可或缺的一部分，而研究與開發又是創新的核心。創業者可以通過與大學、科研機構等進行廣泛的合作，或者依託企業內部的研發活動，來構建新的創意思維。研發成果往往蘊含着巨大的科技價值，創業者可以通過創意將其轉化為實際的生產力。通過創業者的創意思維，可以在研發者和消費者之間搭建一架橋樑，加速研發成果的商業化轉化，使之更能滿足市場和消費者的需求。

1.3.2 建立創意思維的方法

創業者在激發創新思維的過程中，可以運用一系列的創意方法，這些方法不僅能夠激發個人靈感，還能促進團隊協作，共同孕育出新的創業思維。以下是一些常用到的創意激發方法：

(1) 頭腦風暴法

頭腦風暴法是一種歷史悠久且行之有效的創意產生方法。其核心原則是將創意的產生與評估分開進行，以避免團隊成員在討論初期就受到權威意見的影響。團隊成員應該自由地提出各種解決方案，同時確保每一名團隊成員的想法不會因為批評而受到壓制。頭腦風暴法的步驟如下：

- **步驟 1：**召集創業團隊成員，並指定一名會議主持人以引導討論。
- **步驟 2：**明確會議的重點，包括目的、問題和目標。
- **步驟 3：**設定會議的時間限制，以保持討論的效率。
- **步驟 4：**採用多樣化的記錄方法，確保記錄的清晰和易於理解。

為了適應不同團隊和問題的特點，創業者可以對頭腦風暴法進行一些改進。例如，可以採用間斷式頭腦風暴法，通過短時間的集中討論後進行評估，或者將團隊分成小組進行討論，每一個小組需要在限定時間內提出其最佳的創意。除此之外，還可以嘗試反面頭腦風暴法，通過反向思考問題，激發團隊成員新的思維模式。例如，提問人可以提出：「怎麼做會導致生產率降低？怎樣做員工士氣會受到打擊」等問題，各小組得出結論後，然後反其道而行。

(2) 名目群體法

名目群體法是通過控制團隊成員之間的交流方式，用以激發團隊的創造力。這種方法適用於小型團隊的群體創意，團隊成員通常不超過 8-9 人。名目群體法的步驟如下：

- **步驟 1：**創業者向團隊成員詳細介紹課題的內容，確保所有成員都能深刻理解課題的含義。

- **步驟 2：**團隊成員獨立寫下自己的創意，避免相互之間交流和影響。
- **步驟 3：**創業者逐一聽取每一名成員的想法，並記錄下來。
- **步驟 4：**創業者對記錄的想法進行解釋，確保每名成員都能夠獲得理解。
- **步驟 5：**將想法記錄在卡片上，並創建創意頻數表，對所有的條目進行排序。

名目群體法的優勢在於它能夠確保每名成員的參與度，同時將創意和評估分開，有助於團隊成員朝着明確的目標前進。除此之外，這種方法也有助於團隊更好地確定新的發展階段，創意方式也節省了大量的時間，並且操作簡單。

（3）強迫關係法

強迫關係法是一種通過強制性地將一些看似無關的要素建立聯繫來激發新創意的方法。這種方法通常包括以下幾個步驟：

- **步驟 1：**明確並孤立需要涵蓋的要素範圍。
- **步驟 2：**深入觀察、了解和分析這些要素，尋找它們之間的潛在聯繫。
- **步驟 3：**對發現的關係進行深入分析，探索可能激發的新創意。
- **步驟 4：**對創意進行評估，並最終開發出切實可行的新想法。

這種強迫關係法可以鼓勵人們跳出常規的思維模式，從不同的角度審視問題，激發想像力、觀察力和創造力。例如，將手機和手錶這兩種看似功能迥異的產品進行比較：

- **步驟 1：**定義手機和手錶各自的功能和特性，並將它們孤立起來進行分析。

- **步驟 2：**發現兩者的共通點，諸如都能顯示時間，都是現代時尚的象徵。
- **步驟 3：**探索如何將手機的多功能性與手錶的便攜性結合起來，創造出新的產品。
- **步驟 4：**評估這種結合的可行性和市場潛力，如 Apple Watch 的推出，它結合了手機的通訊和智能管理功能，同時保持了手錶的便攜性和時尚感。

(4) 多向思維法

多向思維法要求創業者從多個角度和多種思維方式來探索和解決問題，以挖掘新的創意空間。這種方法包括：

- **質疑性思維：**鼓勵對現有產品或服務提出疑問，從不滿足於產品現狀，尋找可能的改進空間。
- **發散性思維：**鼓勵從多個方向發散思考，探索各種改進的可能性。
- **逆向性思維：**從相反的角度去思考問題，尋找創新的解決方案。
- **邏輯性思維：**通過邏輯推理來分析問題，找出合理的解決方法。
- **簡化性思維：**通過簡化問題來尋找更為直接有效的解決方案。
- **靈感性思維：**依賴於直覺和靈感來激發創意。
- **比較性思維：**通過比較不同產品或服務來發現創新點。
- **迂迴性思維：**通過繞過直接問題，從側面去尋找解決方案。

下文對以上多種思維方式分別進行詳細描述：

質疑性思維是創新的起點，它要求我們不要滿足於現狀，而是需要深入挖掘產品或服務中可能存在的顧客痛點。例如，對於飲料產品易開罐的設計，質疑性思維可以促使我們思考拉環設計的合理性，是否存在相應的改進的空間，以避免手指疼痛或者拉動拉環導致下沉的外表面可能造成的飲料污染問題。這種思維方式鼓勵我們不斷提出新問題，探索改進痛點的可能性，以滿足消費者的需求，推動產品的創新和發展。

發散性思維則聚焦於啟動思維中的潛在能量，打破過去傳統思維的框架，這種思維從來不迷信於問題是否存在標準的答案，而去探索超越現狀的創新空間。它鼓勵創業者建立新的思路、結構、發現和價值，從而激發創新的潛在能量，例如，如果我們始終秉持着手機只能單一用作通訊工具的想法去看待這個產品，那將不會再出現當今世界上紛繁複雜的智能型手機以及更多擴展和引申的其它智能型電子產品。

逆向性思維則是通過從相反方向去思考問題，以「反其道而行之」的方式，尋求創新的解決方案。例如，一座大廈的電梯很慢，頻繁的樓層停靠會使乘客很希望可以更換一部快速的電梯，但如果經費不足以更換快速電梯，物業公司可以通過逆向思維考慮在每個樓層電梯門對面的牆上安裝一個很大的穿衣鏡，結果乘客在不同的樓層停靠時都開始關心起自己儀表而忽略了電梯的速度，化解了他們的不滿情緒。

邏輯性思維幫助我們透過現象看本質，通過嚴密的推理分析，找出問題的關鍵所在，甚至可以解釋到問題的根本。創業者通過演繹法的假設，由「所以」推出「因為」，從而解釋問題的根本所在。例如，許多廣受歡迎的偵探型小說或者電視劇往往運用了邏輯性思維，由果推因，最終推理出案件的真相。

簡化性思維則是將複雜問題簡單化，通過刪繁就簡來尋找出創新的好方法。例如，某日用貨品公司的生產線經常受到顧客投訴，抱怨買來的香皂盒子是空的，生產線沒有把香皂一一放進盒子裏。很多自動化、機械和機電專業小組嘗試用很昂貴的 X 光透射檢查線才解決了這個問題。但當另一家小公司也發生了同樣的問題時，一名小工只是申請購買了一台強力電扇，放在裝配線終點處去逐個吹香皂盒子，被吹走的便是空盒。結果用很簡單並且廉價的方法解決了問題。

靈感性思維則側重於捕捉那些轉瞬即逝的創意火花。靈感和直覺往往是偉大創新的源泉，通過抓取頭腦中瞬間出現的靈感，可以實現創新的突破。靈感本身就是我們頭腦中普遍存在的一種思維現象，也可以是我們每一個人都能夠加以利用的普遍思維方式。例如，阿基米德通過在洗澡時看到洗澡水的溢出找到了鑒別金冠是否被摻入白銀的靈感。英國木工哈格里夫斯，看到女兒珍妮不小心將紡車碰翻了，水平放置的紡錠倒過來變成了垂直的紡錠在地上轉動，使他突發靈感研製出了比橫紗錠提高工效 8 倍的珍妮豎紗錠紡紗機。

比較性思維也可以稱作類比思維，重點在於通過比較不同物件的相似之處推測出其它物件的特性，這是一種有效的創意產生方式。類比思維無論在人文科學還是自然科學中都是人們普遍採用的思維方法。著名的天文學家開普勒曾這樣説過：「類比是我最可靠的老師。」運用比較性思維的案例很多，例如，人們可以將生命機體與機器進行比較，引領和發展了智能 AI、機器人科技等多種高科技發展行業，提高了人類整體的科技型生產力的進步。

迂迴性思維體現了以迂迴為直、以退守為進的哲學思想，在面對創新過程中的風險和障礙時，創業者可以靈活調整方向，尋找最佳解決方案。所以當需要創意與判斷問題時，創業者在必要情況下可以採用迴避或越過障礙的思想，靈活地調整前進的方向。這種思維揭示了一個道理，那就是直線不一定是最好的選擇。例如，駕駛員駕車時遇到「此路不通」的警示牌時，如果繼續向前開車，一般原因是駕駛員具有兩種心態可能，一種是因為開了好久而不想掉頭的僥倖心理，另一種則是擔心回頭後就沒有了其它的路，最終結果都可能會頭破血流地碰釘子。如果駕駛員看到警示牌後能夠不斷嘗試尋找其它的路徑，懂得遇到問題需要迂迴與變通的話，往往會有「柳暗花明又一村」的效果。

多向性思維法綜合運用了以上各種思維方式，創業者可以根據具體情況和目標選擇適合的思維方式，通過不同思維方法的互補，實現創業創意的最大化效果。通過這種多元化的思維方式，創業者能夠在不斷變化的市場環境中找到新的機遇，推動創新和發展。

第 2 章

把握創業新機遇

學習目標

通過對本篇的學習，您將了解到：

1、創業者如何利用市場因素、技術因素、宏觀環境因素尋找到合適的創業機會？

2、創業者如何對市場機會進行有效的分析與考量？

3、學會利用行業中幾種有效的市場分析模型進行創業的評估。

2.1 尋找創業的機會點

引入案例

在 1971 年，霍華德．舒爾茨，一位充滿夢想的年輕人，在西雅圖一家小巧而精緻的星巴克咖啡豆店找到了他的第一份工作。這家店鋪以其精選的咖啡豆和獨具匠心的烘焙技藝而聞名遐邇。霍華德也被咖啡文化的魅力所深深地吸引，他懷揣着一個美好的夢想：將這份獨特的文化傳遞給更多的人。

數年後，霍華德踏上了意大利的土地，那裏的咖啡吧與濃鬱的咖啡社交氛圍深深地震撼了他。他洞察到這樣溫馨的社交場所在美國尚屬空白。霍華德認為他捕捉到了一個巨大的商機，他可以將意大利的咖啡吧文化與體驗帶回到美國去。

回到美國後，霍華德毅然決然地採取了行動。他向星巴克的創始人提出了開設咖啡吧的創新想法，卻遭到了拒絕。對方的拒絕並未使他止步，霍華德選擇了另闢蹊徑，他離開了星巴克，自己創立了一家名為 Il Giornale 的小型咖啡連鎖店，致力於提供意大利風格的咖啡吧體驗。不久，Il Giornale 在美國獲得了非凡的成功，但這一切並未讓霍華德獲得滿足。1987 年，他抓住了一次難得的機會收購了星巴克，並將其塑造成了今天我們所熟知的全球咖啡連鎖巨頭。他不僅引入了高品質的咖啡，更為消費者創造了一個溫馨的「第三空間」，讓顧客在家庭和工作之外擁有了一個放鬆和社交的場所。

霍華德．舒爾茨的成功不僅源於他對咖啡的熱愛，更在於他對市場機會的敏鋭洞察力和敢於行動的決心。星巴克如今已經成為了全球最大的咖啡連鎖品牌之一，霍華德．舒爾茨的故事激勵着無數創業者去發現並把握生活中的商機，用熱情和堅持將夢想變為現實。

星巴克的故事向我們昭示，即使是一個簡單的日常體驗機會，也能通過創新和對消費者需求的深刻理解，轉化成為一個商業傳奇。

創業行為的精髓在於創業者能否發現、把握並利用創業機會。在商業活動中，機會的窗口瞬息萬變，如果創業者能夠及時捕捉並適當關注那些具有吸引力且持久的創業機會，他們就能為未來開拓出更廣闊的創造與商業空間，形成創業的新價值。

創業者在考慮採用何種機會進行創業時，必然會首先考慮機會所帶來的產品或服務的市場差異化、技術差異化、盈利能力、資源配備、商業模式等諸多方面因素。這些因素都制約着創業者是否選擇或採用這次創業機會。因此，分析創業機會的適宜性對於創業者而言是至關重要的。一般來說，商業機會可能在當時具有一定的盈利空間，但不一定具備長期的成長性。同時，它需要一定的資源配備與投入，形成一種獨特的組織方式來實現。因此，創業機會將會逐漸成為一個具有差別性和成長性的創業項目，並通過不斷的自我發展形成一個成功的盈利機會。

2.1.1 創業的市場機會

市場機會是由於市場的變化或消費者偏好的變化所引發的新的商業機會。對於創業者來說，最為關注的是消費者對於產品或服務的需求是否發生了變化。如果消費者認可或滿意於創業者生產的產品或者所提供的服務，創業過程才能不斷地生存與發展；才能通過市場盈利獲得新的資源，從而更好地滿足未來的市場需求。

市場機會的來源在哪裏呢？是否一個吸引人的創意就能形成一個全新的市場機會呢？答案顯然是否定的。一個優秀的創意可以激發市場機會的火花，但創意畢竟只是初步的設想，還需要更深入和科學化地考慮創業者的創意是否真正地抓住了一個新的市場機會。換言之，如果考慮一個優秀的創意是否能夠進一步轉化為市場機會，事實上還有一段很長的路要走。

在創業的征途上，創業者可以採用多種思維方法來孕育創意。創意本身並不需要過分嚴密，但需要鼓勵那些能夠突破常規的思考方式，如上文所描述的發散性思維或者靈感性思維等。進而當創意需要轉化為市場機會時，便需要通過嚴謹的科學調查與分析來驗證是否符合市場的需要。歷史上，眾多創業者基於一個優秀的創意而創立了公司，但最終卻走向衰敗的案例比比皆是，一個關鍵原因便是未能夠真正地識別並把握市場機會。因此，創業者在擁有創意之後，仍需深入研究、辨識和篩選，以確保其創意能夠轉化為真正符合市場需求的市場機會。

是否能夠形成創業的市場機會，關鍵取決於創業者是否能夠識別出具有吸引力、持久活力和廣闊商業空間的機會，這些是創業者實現市場成功的必要條件。創業者不一定是發明家、革新者或學者，單靠新創意、新想法或者新發明並不足以為消費者創造出新的價值。

機會不必實際存在，它可能是由於某些因素的變化而產生的市場差異或者缺口。機會往往來源於內部或者外部環境的變化，創業者尤其應該對外部環境的變動給予特別關注，外部環境的變化可能表現為消費者偏好的變化、市場不協調或混亂、市場訊息滯後或產生缺口等。當外部市場愈不完善，這些變化的表現就愈明顯，為創業者提供的抓住機會的可能性就愈大。因而建立市場機會的關鍵在於能否及時識別並利用這些變化、不協調和缺口。

事實上即使是第一個抓住市場機會的人，也不能夠保證其創業一定會取得成功。儘管他們擁有出色的創意，但最終可能因為未能適應市場環境的不斷變化而失敗或被收購。例如，全球首家設計商業網絡瀏覽器的公司網景通信公司最終被美國線上（AOL）收購；中國最早的互聯網公司瀛海威也以失敗而匆匆謝幕。與此同時，許多具有創業精神的企業卻能夠抓住市場機會，生產出了與企業初創時完全不同的產品，例如，蘋果公司從生產電路板電腦轉型為生產 iPhone、iPad、MacBook 等智能型電子產品；亞馬遜從線上書店發展成為全球最大的線上零售商，提供雲計算、流媒體、物流等服務；中國的小米公司也從生產經濟型手機發展到涵蓋人工智能、物聯網、智能家居生態鏈、文化藝術、金融投資、智能汽車等多領域的創新企業。

有些人可能認為，只要存在一項出色的發明，就意味着一個市場機會隨之誕生。然而，這是一種誤解。正如創意不代表市場機會一樣，某一項好的發明在沒有經過市場的評估之前，並不能證明其具有任何商業潛力。許多發明者對自己的發明充滿着熱情，但同時也容易陷入所謂的「捕鼠器近視」現象，即錯誤地認為只要他的發明足夠好，消費者就將自動找上門來。這種現象忽略了商業市場的複雜性和競爭性。發明者可能會因為對新產品的情感依戀而忽視了作為創業者應該具備的市場分析意識，從而可能導致創業者對市場機會的誤判，消費者需求的了解和市場調查被置於次要位置，使某一項優秀的發明最終未能轉化為實際的商業項目。

創業者在考慮外部環境的同時，也必須思考內部環境是否準備好迎接市場機會的到來，例如資金是否充足、管理團隊是否有能力、相關的技術和設備是否能夠支持新的項目。此外創業者還需要了解市場機會的動態變化，以及競爭者可能的舉措和動向，並評估自己是否有能力應對這些挑戰。通過以下圖示，我們可以更直觀地描述機會窗口的概念：

圖 2-1　創業者所面臨的機會窗口

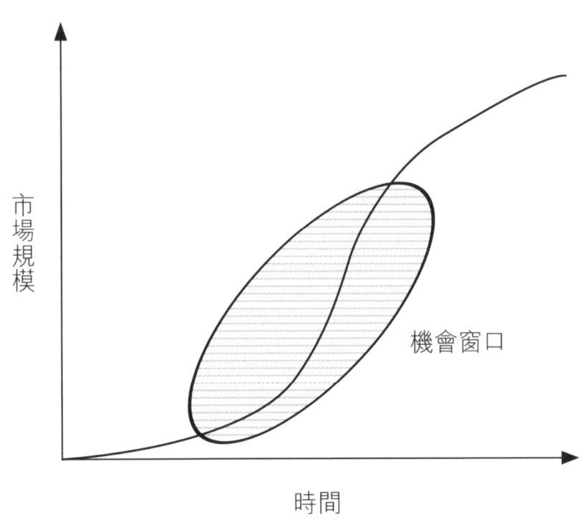

在這個圖示中，機會窗口從開始到結束呈現出一個時間序列，創業者需要在這個時間窗口內識別並利用機會，同時關注競爭者的動向。創業的市場機會確實會隨着時間的流逝而經歷不同的增長階段。在市場成長的初期，由於市場尚未成熟，存在着許多未被滿足的需求和空白區域，因此機會窗口較大，機會產生的可能性也相對較高。不過，隨着市場的不斷發展和成熟，市場規模增長速度將會逐漸放緩，市場也逐漸趨於飽和，機會窗口也會隨之關閉。因此，創業者能否有效地把握機會窗口，及時進入市場並利用機會對於創業成功至關重要。

進一步分析，在新興產業或市場的發展過程中，如果創業者於該產業內能夠預見到消費者未來新的消費趨勢，並且市場規模具有可持續的成長性，那麼在這種動態變化、無序、混亂和存在缺口的新興市場中，機會將會大量湧現。創業者則需要迅速行動，快速進行目標行業市場機會的調查和分析。當潛在競爭對手還在評估市場機會時，創業者已經應該利用靈活多變的策略儘早進入這個新興行業。因為一旦市場機會被廣泛認可，則留給後來者的機會空間就將大大減少。

同樣，當創業者評估一個新興產業是否適合自己創業時，機會窗口的持續時間也是一個重要的考量因素。如果機會窗口較長，則意味着市場具有足夠的時間用於成長，可以給予創業者更多的準備和實施時間。但這也可能導致更多的競爭對手在此期間加入競爭。相反，如果機會窗口較短，則可能會因為創業者的準備不足而導致風險增加，但同時由於競爭者較少，也可能會為早期進入市場的創業者創造有利的競爭環境。

2.1.2 創業的技術機會

技術機會在創業中扮演着至關重要的角色，並通常體現在科技創新上。科技創新可以通過技術的進步帶來新的創業機會。如果從創新的結構上來劃分，科技創新通常可以分為兩種類型：漸進性創新和突破性創新。

漸進性創新本質上是一種連續性的創新。在漸進性創新模式下，創業者通過對市場和消費者需求變化的深入了解，對現有產品技術或結構進行着不間斷地調整和改進，以滿足消費者不斷變化的期望。例如，各類手機品牌會定期推出更新的型號，這些更新通常涉及到技術性能的提升，此類型創新便屬於漸進性創新。

與漸進性創新相對的是突破性創新，這是一種非連續性的創新方式。突破性創新通常針對潛在的未來市場或者消費者的新興需求進行根本性的創新，突破性創新甚至能夠顛覆已存在多年的產業結構。例如，2007 年 1 月，第一代 iPhone 的問世不僅顛覆了傳統的手機市場結構，而且徹底改變了人們對手機功能的認識，開啟了智能手機的新時代。

創業者往往可以通過技術創新尋找到市場機會，一般而言，技術創新的優勢表現為以下幾方面特徵：

（1）打造全新功能的新技術

消費者的需求本質上是通過貨幣交換來獲得某些功能或者解決方案。因此當一種全新的、符合消費者期望的新技術解決方案出現時，它代表着全新的理念、設計和功能，無論是新產品還是新服務，消費者通常會以接受和歡迎的態度面對這一方案。從另一個角度來看，創業者可以利用這一機遇，通過滿足顧客的期望甚至超越顧客的期望，利用科技創新手段打造出具有全新功能的產品。這類根據顧客期望所創造的創業「技術源」往往能帶來難以估量的商業效果，有時連創業者自己也無法想像某項新技術可能會為世界帶來甚麼樣的變革。例如，互聯網技術起源於 20 世紀 60 年代，最初是美國高級研究計劃局（ARPA）為解決通信問題而研究的一種分散式通信系統。隨着電子商務的興起，人們將電腦網路技術與傳統商業模式相結合，互聯網技術的應用被推向了新的高度。時至今日，互聯網已成為人們的基本需求，無論衣食住行，我們幾乎完全依賴於互聯網。

（2）新技術替代舊技術

五百年前，航海家哥倫布向西班牙國王和王后報告地球是圓的。五百年後，普利策獎得主、《紐約時報》專欄作家湯瑪斯·弗里德曼告訴世人，這個世界是平的。事實上，在這個高科技的時代，無論是已經成功的大公司還是正在創業的小公司，面對科技發展的浪潮都將重新站在了同一起跑線上。科學技術的發展正在以幾何級數進行加速，愈來愈多的現有技術可能已經或即將受到新科技浪潮的衝擊。當某項高科技領域出現新的技術突破時，意味着原有技術即將退出歷史舞台。例如，隨着智能化技術和大容量儲能技術的突破，智能化電動汽車很快將在汽車領域中佔據主導地位。隨着智能化電動汽車製造成本的降低和市場競爭力的增強，預計在不久的將來，大量普通燃油汽車將被智能化電動汽車所取代。以製造普通燃油汽車為主的傳統汽車公司可能面臨倒閉的風險，而許多新興高科技公司將成為該行業的領軍企業。可以預見的未來，不同行業將逐漸形成高科技的趨同性，行業界限也將變得更加模糊，高科技行業技術的更新換代將導致許多行業的舊技術被淘汰，在這個技術迅速替代的時代，能夠及時把握新技術的創業者將會發現更多新的創業機會。

(3) 新技術的開發速度

新技術的開發通常是一個漫長的過程，從研發的可行性分析到最終的商業化發展，這個過程通常經歷三個階段。第一階段是建立原型技術階段，主要由大學、研究機構或具有經濟實力的大企業完成，這個階段通常距離商業化還有很長的路要走。第二階段是競爭前技術階段，對創業者而言此階段尤為重要，因為這些技術已接近商業化應用，誰能更快地將新技術商業化，誰就能掌握創新的先機和主動權。因此，創業成功的關鍵往往在於第二階段的速度，即新技術的開發速度。第三階段是新技術的商業化階段，此時新技術已經趨於成熟，創業者一旦掌握這項新技術，就可以迅速實現商業化應用，將研發成果轉化為生產力。

(4) 通過技術的擴散轉移建立新市場

站在全球化的角度來看，不同國家與地區在經濟、科技、人文等方面都存在着顯著的差異。發達國家和地區的科技發展步伐通常快於落後的國家和地區，發展步伐的不同步也為技術的擴散和轉移提供了可能。新技術的擴散和轉移使得在目標國家和地區建立新市場成為了可能。落後國家可以通過開放的新興市場，引進發達國家的先進技術，完善本國的配套產業和增加就業，從而帶動本國或者本地區的經濟發展。例如，在中國改革開放初期，許多創業者敏銳地察覺到了國內外的技術差距，從海外尋找與引入了許多科技型商機，推動了民族科技業的高速發展。如今，中國已經成為了全球科技創新與研發大國，為全球科技發展做出了卓越貢獻。許多中國的科技型企業也成功走向了國際市場，在建立海外新興國家市場方面取得了廣泛的成功。這表明，只要創業者能夠發現國家和地區之間的技術差距，將現有新技術擴散或轉移到某些新興國家市場當中，就有可能找到寶貴的創業機會，實現新興市場的創業成功。

(5) 逆向方式解決新技術帶來的問題

科學技術為人類社會帶來了巨大進步，使我們享受到了科技進步帶來的便利。然而，我們也必須認識到任何事物都具有正反兩面性。許多新技術在為人類帶來利益的同時，也可能給人類帶來災難。例如，原子能技術解決了能源短缺問題，但也被應用於核武器等大規模殺傷性武器領域；AI 人工智能技術的快速發展，雖然帶來了許多領域的行業化創新，但如果被惡意利用，如實施金融網路詐騙等手段可能會給人們造成巨大的經濟損失。因此，創業者可以利用新技術產生的問題，逆向解決其所帶來的負面影響，消除新技術的弊端或潛在的災難。例如，在 IT 領域，許多資訊安全公司為了保障網路資訊安全，開發了大量新技術產品，如防止駭客入侵、病毒防範、防火牆設置等，以解決 IT 新技術領域衍生的網路安全問題。如果創業者能夠迅速發現新技術帶來的新問題，並專注於解決這些問題，就可能用逆向的方式抓住創業的良機。

2.1.3 創業的宏觀環境機會分析

創業者一旦擁有了創意，並認為具有市場潛力以及技術的先進性，往往希望通過創業的方式急於實現這些創意。然而，創業者所面臨的宏觀環境也會對其創意的項目實現產生深遠的影響。宏觀環境通常體現在整個社會層面，影響着人們的行為，無論對於商品提供者還是消費者，生產和消費行為都會受到宏觀因素的影響。例如，在經濟繁榮時期，人們更願意進行高消費行為和風險金融投資，用以購買所需要的產品和獲取更多金融收益。而在經濟蕭條時期，人們則會減少高消費行為和風險金融投資，以保護自己的財富避免縮水。而不同經濟環境下人們的不同消費行為也將直接影響創業的時機。在將創意轉為創業之前，創業者需要考慮宏觀環境中諸如政治、經濟、社會、技術等多方面因素是否有利於創業實現。除此之外，法律法規或環境保護等因素也會對創業產生影響。

(1) 政策環境因素

政策是政府為經濟和社會活動制定規則與框架的工具。國家政策的變革往往可能為創業者開拓出新的創業空間。也可以說政策的調整可能為創業者打開原本封閉或受限的領域，創造出新的商機。例如，中國的改革開放政策不僅允許個人創辦企業，還鼓勵民營經濟的發展，從而為人們創造了豐富的創業機會。幾十年來，正是得益於政府推動的經濟體制改革，中國的經濟發展最終迎來繁榮富強的局面。

創業者需要對政府政策變革時刻保持敏感，洞悉現有或者即將實施的立法、法規和政策，預見它們可能帶來的行業優勢或利潤波動。例如，政府對銀行法規的調整可能影響企業貸款的可獲得性和額度，進而對銀行、股市、基金等金融相關行業產生直接的影響，也可能間接波及房地產業、運輸業、製造業、服務業等多個領域。

(2) 經濟環境因素

無論經濟處於上升週期還是下降週期，創業者都應密切關注經濟環境運行狀態，因為經濟趨勢對於各行業都具有深遠的影響。在經濟繁榮的時期，房產、高級汽車、奢侈品等資產交易尤為活躍；而在經濟衰退時期，消費者更傾向於購買價格合理的日用品和食品。創業者應該時刻關注國內生產總值（GDP）、人均 GDP、就業率、薪金中位數、消費者可支配收入等多項關鍵經濟指標，這些數據直接反映了經濟環境的宏觀狀況。例如，在高失業率和 GDP 增長緩慢的經濟環境中，將直接影響到房地產、餐飲、製造、服務等大量行業，社會援助計劃的實施亦顯得尤為重要。創業者需要根據對宏觀經濟狀況的洞察以及市場需求的變化，及時調整創業策略，以實現在相對經濟環境下的效益最大化。

(3) 社會環境因素

社會環境因素主要體現於社會因素的變化如何影響各行業的發展。例如，人口變化趨勢是社會環境變化的一個重要方面。創業者需要考慮嬰兒潮或人口老齡化對其市場計劃的潛在影響。以中國為例，以前長期的計劃生育政策導致人口結構逐步進入了老齡化，近年來，政府及時調整了政策，放開二胎以上生育限制，因此可以預計未來中國將會出現老齡化與嬰兒潮並存的人口結構，這種結構現象將為滿足這兩部分人群需求的市場提供廣闊的空間。再例如，人們對安全、健康、營養、環境、社交媒體、流行文化的追求也在不斷地發生着變化，這些變化將推動相關行業的市場需求增長。如果創業者能夠開發符合這些需求變化的產品和服務，可以不斷地將這種新需求轉變為新的價值。

(4) 技術環境因素

技術環境因素不僅關乎創業者自身的技術機會，更關乎對外界技術發展趨勢的洞察。技術變化是宏觀環境中最為激烈的變化因素之一，對行業的影響亦很深遠。創業者在分析行業技術的同時，應更多考慮技術變化的趨勢，因為技術的快速發展可能會迅速導致行業的變革。創業者需要制定一些短期商業決策，用作應對新技術變化的應急方案。他們應該思考在對比行業現有技術的前提下，新興技術將會如何改變行業結構和盈利模式，例如，大數據資料和雲計算技術可能為醫療、通信、社交媒體、電子商務等行業帶來新的機遇和挑戰。因此，創業者應當利用當前技術環境的有利時機，把握新技術的發展趨勢，促進其所從事行業科技的進步與發展。

2.2 創業機會的分析與研究

引入案例

卡地納健康集團成立於 1971 年，最初是一家規模較小的食品公司。通過正確的行業市場戰略，它在食品行業中取得了顯著的成就，成為當時美國食品行業中的領軍企業。然而，公司也意識到，持續深耕一個已經成熟的食品市場可能會限制其未來發展的潛力。因此，公司管理層經過深入細緻的市場分析與研究之後，卡地納在 1979 年開始逐步將業務重心轉移到藥品銷售領域，作為分銷商向藥房提供藥品。

在 20 世紀 90 年代之前，卡地納一直專注於藥品的分類供應業務。隨着時間的推移，公司開始觀察並深入了解其主要消費者 —— 醫院藥房是否存在痛點和未滿足的需求，例如，員工流失率高、藥劑師短缺、藥品污染以及處方藥開具不準確等問題。卡地納公司開始思考是否可以將這些問題轉化為新的機遇，為消費者提供更優質的服務。

公司制定了一項創新戰略，在確保藥品品質和交付能力的基礎上，通過收購生產自動擺藥機的公司派克斯，將企業能力擴展到藥品自動分發領域。這次收購使卡地納的業務範圍和運營模式得到了成倍的擴展，將原本岌岌可危的業務轉變為盈利模式，有效地減少了藥物的有害作用並降低了配藥錯誤的風險。

隨後，卡地納繼續擴展其業務能力，向所服務的醫院提供標準化的手術產品、器械和手術室設備等，從提供健康關懷產品到滿足治療護理病人所需的設施，卡地納全面滿足了消費者的需求，成功完成了公司的創業轉型。

正如船長需要在出海前檢查天氣狀況、風向、海浪等影響因素一樣，創業者在選擇創業機會後，也需要對所涉及的行業進行詳盡的市場分析與研究。創業者需要了解行業內外的各種影響因素，确認這些因素對創業的利弊，認識到這些不斷變化的因素需要持續地進行評估。

當創業者從「渴望達到一個目標」轉變為「如何達到目標」時，需要仔細思考和衡量自己在行業中的位置，思考所處行業的發展水平，以及行業內外的影響因素如何影響創業等問題。創業者還需要考慮當前的生態系統是否會在未來改變其位置，是否有可能建立一個更強大、更深遠的行業生態系統。同時，創業者要重視評估當前自己具備的資源與能力，以應對創業過程中可能不斷出現的威脅和挑戰。這些問題都是創業者在「揚帆出海之前」所必須回答的。

2.2.1 市場訊息的收集方法

創業初期，創業者必須勤勉地完成涉及到行業市場訊息的收集工作。通過對市場訊息的匯總，為未來創業項目的分析與研究打下堅實的基礎。市場訊息收集的重要性在於能夠幫助創業者了解潛在消費者的需求、市場規模的大小、市場的發展趨勢等關鍵資訊。通過對這些資料的進一步分析，創業者可以為確定創業項目的可行性、評估當前的競爭狀況、預測未來的發展前景提供大量的市場依據。此外對市場訊息的收集，還有助於對未來產品推向市場後的定價和生產規模做出科學的預判。

然而，市場訊息的收集往往需要投入一定的成本。因此，創業者在準備階段應根據自己的創業規模制定合理的資訊收集計劃，避免收集大量不相關資料而造成資源的浪費。在計劃收集市場訊息之前，創業者應當首先明確收集的原因和目標，確定收集的渠道，並實施收集計劃。最終，對所收集到的資訊進行深入的分析與解釋。

(1) 定義研究的目標人群資訊

許多創業者可能希望僅憑一個創意就達成成功，但創意往往缺乏市場行銷的知識和經驗，導致由於對市場訊息的收集不夠重視或缺乏目的性。創業者必須清楚地知道，一個沒有經過充分資訊分析的盲目創業，最終可能面臨失敗的風險。那麼未來的消費群體定位屬於哪一類人呢？創業者首先需要確認這一類定位人群的市場訊息和資料。

市場訊息的收集應從潛在的定位消費者群體開始。準確預測自己的顧客群體是一項挑戰。這要求創業者具備一定的商業知識和較高的商業情商，以了解哪些人群可能對自己的產品感興趣，以及他們的消費能力究竟如何。一旦確定了潛在消費者，創業者便可以通過詢問目標潛在消費者對預先擬定的新產品或服務的看法，以確認他們是否有興趣進一步了解甚至購買。除此之外，創業者還可以嘗試了解消費者的人口統計背景資料和消費態度。當了解完消費者的購買態度後，可以進一步探詢他們期望的價格，以及他們希望在何時何地購買創業者的產品。

(2) 資訊資料收集方法

一般而言，創業者可以通過收集現有資料、觀察、問卷調查、訪談、集中小組討論等多種方法進行資訊資料的收集。

收集現有資訊資料對於創業者而言是最為經濟便利的方式。這些資訊可以從圖書館、專業期刊、資料庫索引網站、行業協會、大學和研究機構、諮詢機構等渠道獲取。這些資料主要以歷史資料為主，創業者可以查詢所涉及行業的行業特徵、產品特徵、競爭者分佈、顧客偏好和分佈等資訊，以便獲得更多有價值的深層資料。

觀察法是一種簡單易行的調查方法，通過觀察潛在消費者的購買行為，獲取最直接的資料並加以分析。

問卷調查相對於觀察法更為複雜。創業者需要對調查的問題和目標有清晰的認識，然後設計出問卷並發放給目標人群。問卷內容可以涵蓋消費者對預期產品的功能需求、地點需求、價格需求等。問卷調查可以利用網路進行，具有樣本量大、成本低、速度快等優勢。

訪談法是收集市場訊息的常用方法。通過與潛在消費者面對面的交流，創業者可以詳細了解潛在消費者的具體需求和建議，從他們那裏獲得更有價值的資訊。訪談可以利用面談、電話或網路視頻等方式進行。

集中小組討論法可以幫助創業者收集更深層的資訊。創業者可以邀請 10-12 名潛在消費者參與其中，然後向他們介紹創業創意和創業計劃，並通過小組成員的回饋獲得他們真實的資訊。集中小組討論使創業者能夠從多個角度和多個人群獲得不同的想法和見解，有助於更全面地評估創業項目。

(3) 調查結果的分析

無論創業者通過哪種方法獲得調查結果，結果分析都可能將看似無規律的資料轉化為有價值的、存在一定關聯性的結果。根據所獲樣本的規模，創業者可以將收集到的結果清單輸入電腦中，並借助 Excel、SPSS、STATA 等商業統計軟體進行分析以便獲得更有意義的結果。例如，創業者可以通過資料的對比，分析出不同年齡、性別、職業、地區的消費者對未來其產品的期望共性與差異性分別包括哪些。通過對這些資料變量的研究，所獲結果將為創業者提供有價值的建議。

2.2.2 對產業和市場的分析

創業機會能否取得成功關鍵在於，創業項目能否不斷地滿足消費者的當前需求和未來潛在需求。從另一個角度來看，消費者是否因為企業提供的產品或服務而獲得新的價值，這種價值體現在可以產生新的利益、降低舊的成本、獲取新的便利等方面。創業者在進行創業準備時，需要對所關注的產業和市場有一個清晰的定位。創業者要清楚地知道未來所提供的產品或服務可以滿足潛在消費者的哪些需求，消費者因此可以獲得哪些高附加值和高增值的回報，這種回報將如何被市場識別和證實，以及未來是否能以現有產品和服務為基礎對業務進行進一步擴展。

反之，創業者無法為潛在消費者提供以上需求，忽視消費者所關注的回報，如果所提供的產品或者服務屬於低附加值和低增值，並且回報時間超過 3-5 年以上，那麼創業者所提供的產品或服務將對消費者失去原有的吸引力。例如，許多投資者購買房屋的主要目的是通過租賃以獲得租金回報，但如果由於宏觀環境導致的經濟萎靡，市場租金價格逐步走低或空置率高，投資者的回報時間將超過十數年甚至數十年，這將導致他們購房的動力逐步減退，房屋價格也會因此而逐漸降低，房屋開發商的利潤也會隨之減少。因此，創業者在對產業和市場進行分析時，要時刻關注市場結構、市場規模、市場增長率、成本結構、盈利能力等重要因素的變化，以下進一步進行闡述説明。

(1) 市場結構的科學性

對創業者而言，市場結構的科學性至關重要，它包括以下重要因素：

- 銷售者的數目
- 銷售者的規模結構
- 銷售產品的差異化情況
- 進入和退出市場的障礙
- 購買者的數目
- 購買者的人口結構
- 購買成本條件
- 市場需求對產品價格的敏感度

銷售者數目的多少直接決定了市場競爭對手的數量，顯示出本行業是否存在着市場壟斷現象；購買者數目的多少決定了需求方壟斷勢力的強弱，也顯示出本行業產品受到消費者追捧的可能性。這種結構決定了市場每一名競爭對手的實力強弱。規模較大、實力較強的銷售者可能存在規模經濟效應優勢，可以通過降低生產成本、降低銷售價格等低成本策略，成為市場上有力的競爭者。銷售產品的差異化也可以為創業者提供新的競爭渠道，避免創業者與低成本策略的強競爭者正面衝突。

在評估市場結構對創業項目的影響時，如果進入和退出市場存在着技術或者資金障礙，創業者需要謹慎評估可能存在的新障礙以保證其進入和退出風險可控。對購買者的人口結構進行分析，可以了解和預測未來產品成長的趨勢，開發新類型的產品或服務模式以迎合購買者的特徵。消費者購買產品的成本條件和市場需求對產品價格的敏感程度，是企業定價的主要依據。

如果市場結構出現了差距、缺口、短缺等現象，創業的市場機會將隨之產生。先入者往往更容易處於先發制人的主動位置。相反，缺乏吸引力的市場結構往往表現為以下特徵：銷售者數目高度集中在一個或幾個企業，形成壟斷或幾乎壟斷的狀態；競爭企業廣泛地採用低成本低價格戰略，使許多創業企業難以獲得足夠利潤；產品技術落伍，市場從成熟期走向衰落期等。

（2）市場規模的合理性

創業者在評估市場時，往往會關注市場規模的合理性。許多人認為，一個龐大的市場空間是創業成功的保障，因為即使只佔有一小部分的市場份額，也可能為創業者帶來巨大的銷售量。例如，在預期達到 100 億美元的市場中，即使只佔有 5% 的市場份額，也能實現 5 億美元的銷售額，這對於初創企業而言具有相當大的吸引力。

然而，市場規模的選擇實際上是一支雙刃劍。如果市場規模過小，未來的擴展空間確實有限，並且如果存在較高的進入和退出成本，創業可能會變得很不經濟。相反，如果市場規模過大，初創企業也可能會面臨來自許多實力雄厚的大型企業的擠壓，甚至要面對世界 500 強公司的激烈競爭，這可能導致初創企業難以生存，甚至無法獲得微小的市場份額。因此，一個比較適中的市場規模反而可能更適合於創業者。因為大型企業可能並不屑於進入其認為相對規模不大的市場，這恰恰為創業者提供了合理的發展空間。通過利用產品與市場的差異化等策略，創業者可以迅速佔領市場份額，培養忠實的消費者群體。這為創業者提供了在競爭較小的環境中快速成長的機會，幫助他們積累創業初期所需的資本。

(3) 市場增長的吸引力

一個具有吸引力的市場不僅需要有一定的規模，還需要具有持續增長的空間。在評估市場的增長潛力時，如果創業者認為企業發展能夠跟上市場的增長率，就能逐步隨着市場的增長而擴張企業的發展速度。例如，一個 1 億美元的市場如果以 50% 的速度增長，幾年內可能發展成為一個超過 10 億美元的大市場。如果企業能夠保持這樣的增長速度，銷售收入可能在短短幾年內增長十倍以上，這對於創業者而言將是一個極具吸引力的前景。為了實現這一目標，創業者需要在創業初期至少保持 30-50% 的市場增長率，以使企業在面臨真正的競爭對手之前儘快地培養起自身雄厚的競爭實力。

(4) 成本結構的獨特性

物美價廉的產品往往會受到消費者的青睞。許多企業通過優化成本結構，實現規模經濟效應，降低成本來吸引消費者。然而，對於初創企業而言，由於企業規模小、資源少、風險大，採用低成本策略顯然是不現實的。

獨特的成本結構對於初創企業的競爭能力而言顯得至關重要。雖然低廉的價格對消費者具有吸引力，但規模經濟也可能導致產品功能和外觀的單一化，降低消費者的購買慾望。因此，創業者應該調整初創企業的成本結構，定位有特殊需求的目標消費者群體，通過產品差異化來取代低成本結構，初創企業應該推出少量的、個性化、無可替代、具備新技術的產品，以吸引有針對性需要的目標消費者。

(5) 盈利能力的重要性

創業的核心目的是實現盈利。評價一個企業的盈利能力可以從多個角度進行，包括毛利率、息稅後利潤、稅後純利、淨利潤率、現金流、權益報酬率 (ROE)、經濟增量 (EVA)、持續增長率 (SSRG) 等。這些指標分別從不同方向評定了企業的盈利性狀況。

簡單來説，初創企業至少需要 45-55% 的毛利潤，淨税後利潤至少應達到 20-30%，通常需要 15-20% 或更高比例的持久利潤增長的潛力。在創業初期，至少需要 18 個月的正現金流，以避免因資金短缺而破產，正現金流也能夠確保企業有餘裕考慮擴大業務的規模。企業還需要具備長期的經濟增量（EVA）和持續增長率（SSRG），以保證創業資本的持續增加。

2.3 行業評估中有效的分析模型

創業者在計劃進入某個行業之前，除了需要仔細分析市場訊息，以及把握創業機會之外，一些有效的評估模型可以為創業者預測未來的經營狀況提供重要的參考。這些分析模型不僅適用於企業的初創階段，在企業發展的其它階段也具有很高的通用性和廣泛性。在理解本章 1.3 節的宏觀環境機會分析的基礎之上，創業者還可以進一步針對內外部環境以及不同產業環境之間進行深入分析。其中，波特五力分析法、產品生命週期法、SWOT 分析法等工具都可以幫助創業者對於所涉及的行業進行更詳盡的分析。

2.3.1 波特五力分析法

波特五力分析法是一種應用極其廣泛的行業環境分析工具，由美國哈佛大學的邁克爾・波特教授所創立。波特教授是競爭策略領域的世界級權威專家，也是商業和經濟領域內極為著名的思想家和作家。他研發的分析方法功能強大，非常有助於評估行業內的發展動力，並評定自身可能形成的機遇和威脅。

與創業機會的宏觀環境分析不同，波特的五力分析法更加專注於檢測行業內部的微觀環境。該方法認為在行業內部存在着五種關鍵力量，這五種力量基本上可以決定一個行業的競爭狀態：

1. 同行業競爭者的威脅　為了評估行業市場的競爭強度，創業者需要考慮競爭者的數量和實力。可能的競爭情形包括：在趨於完全競爭的市場中，許多競爭者可能通過降低價格和加強行銷優惠來爭奪市場份額。在寡頭市場中，寡頭企業之間可能達成某種默契和諧共處，但也可能爆發價格戰。在壟斷市場中，壟斷者可能通過低價策略阻礙新進入者獲得利潤。

2. 新進入者的威脅　市場的明顯缺口對創業者具有吸引力。新進入者的威脅體現在潛在競爭者進入市場的難易程度，這反映了行業進入壁壘的高低。低門檻可能意味着目前市場競爭較容易，但也可能預示着未來競爭的加劇和利潤空間的減少。低門檻可能是由於低資本投入、低技術要求和較少的監管。相反，高門檻意味着進入市場難度大，但對已進入的創業者具有相應的保護作用。

3. 替代品的威脅　替代品的出現很大程度上源於技術進步，但技術進步本身具有不可預知性，使得替代品的出現變得難以預測。消費者的偏好變化或價格敏感度也可能催生替代品。如果消費者能夠輕易購買到功能相同或者相似的產品或服務，這將對行業產生重大的影響，增加了產品或服務被替代的風險可能。

4. 供應商的議價能力　供應商的數量多少將會影響其議價能力。在一個供應商眾多的市場中，創業者具有較強的議價能力，這有利於提高創業者所在行業的獲利能力。然而，如果關鍵部件被少數供應商所壟斷，供應商的議價能力將會變得增強，這將對創業者所在行業的盈利性產生不利的影響。

5. 顧客的議價能力　顧客的議價能力反映了創業者與消費者之間的力量對比。如果消費者能夠輕易地從競爭對手那裏獲得相同產品，他們更傾向於選擇價格更低的同功能產品，這限制了創業者提高售價的能力，從而影響初創企業的利潤。

　　總結而言，波特的五力分析法提供了一個框架，用以評估行業的競爭強度和盈利潛力。這五種競爭力量的共同作用決定了行業內的投資回報率，並有助於識別適用於完全競爭的領域與可能出現壟斷現象的領域。對於創業者來説，理解這些力量對於決定進入哪類行業市場至關重要。

圖 2-2　波特五力分析法示意圖

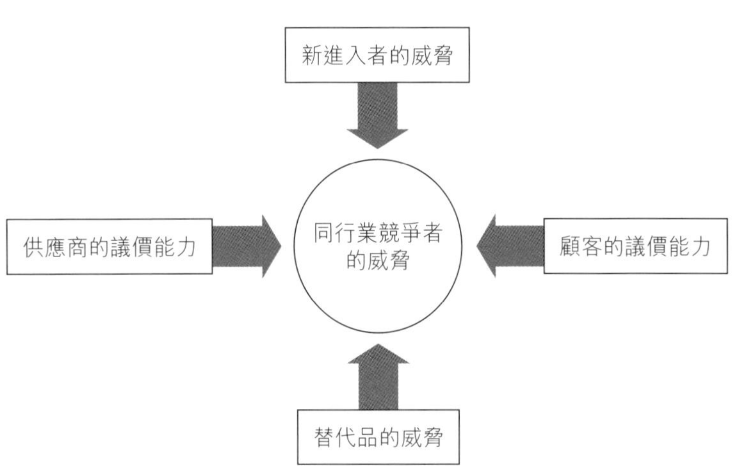

對於創業者而言，這五種力量是評估創業機會緊迫性的尺度。通過對這五種力量的逐一分析，創業者可以更深入地理解行業內外的各種因素所導致的影響，分析每一種力量在當前或未來可能產生的積極或消極影響。這種分析將有助於創業者預測到行業環境的變化趨勢，並尋找到自身在該行業中的優勢和不足。

通過對五力的全面分析，創業者亦可以識別出行業內部的競爭壓力，以便評估市場吸引力，制定有效的競爭策略。例如，如果創業者發現某行業的新進入者較少並且威脅較低，這説明該行業可能具有較高的進入壁壘，則很多企業可能由於無法跨越進入壁壘而無法進入該行業。再例如，如果供應商和顧客的議價能力較強，企業可能需要採取措施增強自身的談判地位；如果替代品的威脅較大，企業則可能需要不斷創新以維持競爭優勢。

五力例證分析

以個人電腦（PC）行業為例，通過五力分析法可以探究該行業的競爭狀態和盈利空間為何愈來愈小。PC生產廠商面臨激烈的行業競爭，需要通過五力分析法了解背後的原因，並在未來探索重新定位商業模式的可能性。這包括在產品被淘汰前克服威脅、抓住機遇的措施。

新進入者的威脅（威脅高）	由於行業壁壘的不斷降低，個人電腦的生產和銷售行業可能不斷有新的競爭對手加入，很多潛在的競爭者將來自於中國、韓國、越南等新型經濟體。這些經濟體的生產成本相對較低，生產方式相對有效，在電腦運算速度、雲計算、數據存儲方面的進步使得個人電腦產品能以更低的成本和更快的速度進入行業。
同行業競爭者的威脅（威脅高）	目前的行業市場存在大量成熟的、具有一定實力的同行競爭者，多年的積累已經造就出這些公司的品牌聲譽。例如惠普、聯想、戴爾、宏碁等。同行業競爭可謂激烈。
供應商的議價能力（威脅高）	在微處理器晶片和操作系統市場內僅有英特爾、AMD、微軟等少數幾家公司持續佔據主導的供應地位，因此個人電腦製造商與供應商的議價能力降低。
顧客的議價能力（威脅高）	購買者可以選擇多家個人電腦的品牌產品，相同或者相似的功能使得不同品牌的產品相似度比較高，電腦之間的差別屬性較低，使購買者有更多的機會選擇到價廉物美的產品。使得顧客針對於產品提供商的議價能力增高。
替代品的威脅（威脅高）	隨着智能手機、iPad、平板電腦和其它替代性手持設備在市場上的大量出現，從而進一步降低了個人電腦的利潤空間和相對吸引力。

由此得出的結論是，如果創業者計劃進入如個人電腦這樣的生產領域，他們將會面臨來自行業內的高威脅，這可能會對他們創業的成功和未來發展構成不利的影響。因此，創業者需要仔細考慮如何降低這些威脅，並探索可能的策略和解決方案。例如，創業者可以通過創新和技術改進來增強自身的競爭力，或者尋找行業中的細分市場，通過差異化的產品或服務來減少與競爭者的直接競爭。此外創業者也可以考慮選擇進入與個人電腦具有較大差異化潛力的新行業，這些新行業的特點是需要建立起產品或服務的獨特性，能夠提供不同於現有市場的價值主張。通過這種方式，創業者可以在較少競爭的市場環境中建立起自己的競爭優勢。

2.3.2 產品生命週期分析法

對於創業者而言，產品生命週期分析法是另一種至關重要的分析工具，它可以讓創業者了解其目前產品在市場上的當前位置處於何處，並以此預測未來的銷售趨勢。產品生命週期分析法為創業者提供了一種理解產品發展階段的工具，但並不是所有產品都會完整經歷所有階段。一些產品可能因為早期效果不佳而被很快淘汰。此外不同行業的產品生命週期階段的時長和特點也會有所不同。因此，創業者需要根據產品當前所處的生命週期階段來制定相應的市場行銷策略。產品生命週期通常包括以下幾個階段：

(1) 推介期

新產品的推介期通常是一個充滿機遇和挑戰的時期。在此階段，市場上通常沒有太多的競爭者，但消費者對產品的認知和購買意願也會比較低。這個階段往往持續時間較短。在此階段，創業者需要迅速突出其新產品與現有產品的區別，並期望在儘量短的時間內採用新產品佔領市場，以便在未來競爭加劇時能夠佔據有利的位置。

在推介期內，新產品的推廣費用和銷售團隊成本可能佔據着較大的成本比例。如果創業資金有限，尤其在早期消費者對於價格不敏感的市場中，創業者可能需要通過高利潤和高定價策略來快速回收資金。

(2) 成長期

成長期是一個充滿着活力的階段，消費者市場將快速增長，顧客需求將不斷湧現，這一切為市場提供了巨大的擴張潛力。許多企業通過擴大產品線來吸引新的顧客細分市場，為他們提供不同價格和功能的產品和服務。創業者需要在這一階段通過差異化策略，將自己的產品與其它競爭企業的同類產品區分開來。

隨着價格的下降，品牌之間的價格戰可能已經開始醞釀。但如果市場增長迅猛且供不應求，競爭者也可能通過提高價格來快速獲取利潤。促銷成本會逐漸轉向品牌建設，創業者可以利用這一階段的機會，通過建立品牌特色來獲得消費者的積極評價，並加速培養出新的細分市場。

（3）整肅期

整肅期是一個競爭激烈的階段，在這個時期，市場增長率開始出現下滑，產品價格大幅下跌。由於利潤空間的大幅度縮水，較弱的競爭對手可能會退出市場，而較強的公司將獲得市場內較高的佔有份額。這一階段可能標誌着行業競爭結構已經發生了重大變化。

對於創業者來説，在整肅期進入該行業不是最佳的選擇，除非創業者擁有強大的經濟實力和技術背景。如果創業者已經經歷過推介期和成長期，在此階段需要優化產品線，取消企業較弱的項目，建立優化的渠道關係，並專注於新產品的設計和研發，為建立新的行業或標準做準備。

（4）成熟期

能夠進入成熟期的產品技術已經發展完善了，然而市場上各品牌產品功能也逐漸形成了趨於成熟的效應。在這一階段，少數行業內的企業開始將重點從直接市場競爭轉向加大研發，嘗試尋求新產品或新技術的突破以降低成本、提升收益。消費者可能更傾向於選擇那些提供新價值，具備易用性、體系化和合理化功能的產品。

成熟期的行業市場增長率開始減緩，競爭對手數量也在減少，促銷費用和價格趨於穩定，優質產品生產商之前享有的溢價優勢也逐漸消失。這一時期對於創業者而言並非一個理想的創業進入點。因為面對市場增長的停滯和現有強大的競爭對手，如果創業者計劃提供相同或相似的產品，企業很難形成有利的市場地位。例如，在當前趨於成熟的智能手機行業中，新進入者如果無法在功能、價格、品質、外觀等方面提供差異化的產品，僅依靠促銷手段或者某些「網紅效應」，則很難在行業內生存。

(5) 衰退期

與人類的生命週期類似，大多數產品最終會進入衰退期，這一過程可能是漸進的，也可能會迅速發生。衰退期通常由更先進的替代品出現或消費者偏好、價值觀的轉變所引發。例如，智能手機的普及直接導致傳統手機市場迅速進入了衰退期，許多生產商因未能及時應對消費者觀念與需求的變化而遭受重創。

衰退期往往意味着企業需要面臨消費者流失、高退出障礙、庫存積壓、資金佔用等問題，這一切使得企業步履維艱。然而，對於創業者而言，某個行業的衰退期可能也會帶來短期的盈利機會。因為一部分忠誠的消費者依然保持着對過去傳統型產品的消費習慣，而隨着競爭者的減少，產品供應量相對減少可能帶來價格和利潤相對提升的機會。例如，在智能手機普及的今天，仍有部分年長消費者偏好使用傳統手機，然而，非智能型傳統手機的生產廠商卻已經基本不存在了。

總結以上內容，產品生命週期中的每一個階段都有其特定的機會和威脅，創業者需要根據產品所處的具體階段來制定相應的商業計劃和行銷策略。例如，在成長期，創業者可能需要加大市場推廣力度，擴大市場份額；而在成熟期，則可能需要通過產品創新或市場細分來維持銷售和利潤。

圖 2-3　產品生命週期法圖示

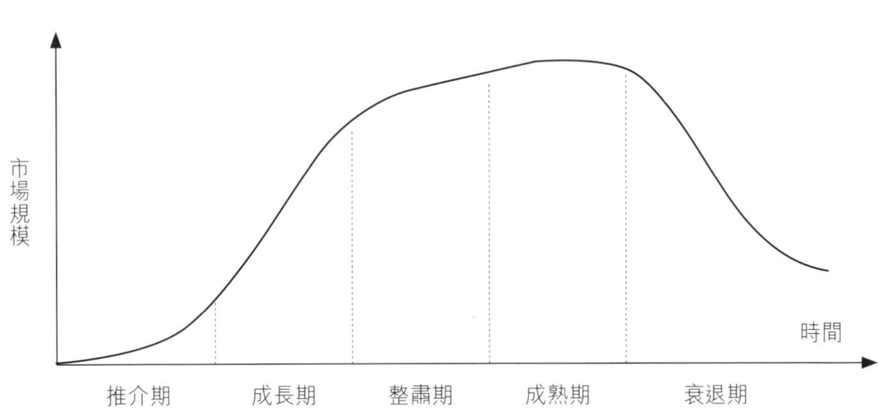

在評估創業機會時，創業者不僅要考慮產品所處的生命週期階段，還要考慮自身是否有能力通過創新手段，為市場帶來具有競爭力的新產品或服務。長期而言，建立和形成具有競爭力的新行業產品，才是保證企業持續發展的關鍵。

總體而言，產品生命週期分析法不僅為創業者提供了一種理解產品發展階段的工具，也為制定相應的市場策略和創業計劃提供了理論基礎。創業者可以通過產品生命週期分析方法更好地把握市場趨勢，以便做出明智的決策。

2.3.3 SWOT 分析法

SWOT 分析是一種全面評估創業環境的工具，它涵蓋了優勢（Strengths）、劣勢（Weaknesses）、機會（Opportunities）和威脅（Threats）四個關鍵要素。通過這種方法，創業者可以深入地理解當前創業企業所面臨的內外部環境，識別並發揮自身的優勢，檢討並彌補自身的不足，同時需要抓住市場的機會並規避潛在的威脅。創業的優勢與劣勢往往來自於創業者所處的內部環境中，機會與威脅往往來自於創業者所處的外部環境中，以下對內外部環境分析進行進一步解釋。

（1）內部環境分析

內部環境分析着重於識別與分析初創企業所擁有的資源和能力，評估這些資源和能力是否具有競爭優勢。創業者首先需要識別和評估組織內部的資源，如人力、物資、財務、資訊、技術和智慧財產權等。這些資源是否充足、是否能夠被高效利用，這一切直接關係到初創企業能否在市場中為消費者提供更好的增值服務。企業能力則涉及到初創企業如何利用這些資源來執行其商業模式和策略。這包括創新能力、運營效率、市場行銷、消費者服務和供應鏈管理等多方面的企業能力。創業者需要分析這些能力是否足以支撐企業的未來增長和市場擴張。

優勢是企業的資源和能力在市場競爭的有利條件，如獨特的技術、品牌聲譽、消費者忠誠度、成本控制能力等。創業者根據初創企業的特點需要明確自身的優勢，並考慮如何將這些優勢轉化為企業的核心競爭力。

劣勢則是初創企業相對競爭對手的不足之處，可能包括資源限制、技術落後、市場認知度低等各種資源或者能力不足的問題。識別自身的劣勢有助於創業者制定相應的改進措施，如創業者可以通過合作夥伴關係、技術升級或市場定位調整來彌補這些不足。

（2）外部環境分析

外部環境分析主要關注創業者所處的市場和行業的機會與威脅。機會可能源於市場需求增長、行業變革、技術進步或政策支持。創業者需要敏銳地捕捉到這些機會，並評估如何利用它們來推動企業發展。

威脅則可能來自於市場競爭加劇、市場需求下降、不利的政策變動或者新技術的出現。創業者需要評估這些威脅對企業可能產生的影響，並制定相應的風險管理策略。

在外部環境的機會與威脅的分析方面，創業者可以參考宏觀環境分析、波特五力分析、產品生命週期分析等多種分析方法來更加準確地判斷行業市場中的機會與威脅所在。

創業者在檢討自身現有優勢和劣勢時，需要進一步思考一些關鍵性的問題，首先，創業組織中現有的資源和能力是否能夠被充分利用，以滿足不斷增長的市場容量。其次，是否可以利用內部環境的自身優勢克服外部環境所帶來的威脅與挑戰。再次，組織內是否存在資源和能力的供給不足，如果繼續下去又會產生甚麼樣的後果。最後，如果存在資源和能力的供給不足，創業者將考慮如何應對，是否需要集中資源配置還是擴充自身能力，例如，創業者是否可以採用外包的方式進行企業資源的重新分配，或者利用兼併及收購的方式擴充自身的能力。

通過以上的分析，創業者可以更好地理解企業所處的內外部環境，並據此制定相應策略。這包括如何利用優勢來抓住機會，以及如何通過改善劣勢來應對威脅。例如，如果企業擁有強大的研發能力，可以利用這一優勢來開發新產品，抓住市場機會；如果企業面臨激烈的價格競爭，則可以通過成本控制和差異化策略來規避威脅。

例證分析

當前智能化新能源汽車產品逐漸成為了汽車行業的新寵兒，許多傳統汽車公司與高新科技公司取得合作，利用大量的新科技技術，引入人工智能等新概念，設計並研發了大批量新型的智能化新能源汽車產品，請對這類產品進行 SWOT 分析：

優勢（Strengths）	技術創新：智能化新能源汽車通常配備先進的電池技術和電動動力系統，提供更好的能源效率和性能。 智能化功能：集成了自動駕駛、智能導航、遠端監控等高科技功能，提高了駕駛的便捷性和安全性。 環保效益：相比傳統燃油車，新能源汽車減少了尾氣排放，有助於改善空氣品質和減緩氣候的不良變化。
劣勢（Weaknesses）	成本問題：智能化新能源汽車的研發和生產成本較高，導致市場售價相對較高。 充電設施不足：充電站和充電樁的分佈尚不夠廣泛，限制了新能源汽車的普及和便利性。 續航里程焦慮：儘管技術在不斷進步，但消費者對電池續航能力的擔憂依然存在。
機會（Opportunities）	政策支持：許多國家為推動新能源汽車的發展提供了政策支持和補貼，為智能化新能源汽車的市場擴張創造了有利的條件。 市場需求增長：隨着環保意識的提高和消費者對高科技產品的追求，智能化新能源汽車的市場需求有望持續增長。 技術進步：電池技術、自動駕駛和車聯網技術的快速發展為智能化新能源汽車提供了更多的創新機會。
威脅（Threats）	市場競爭：更多的傳統汽車製造商和新興企業都在積極佈局新能源汽車市場，競爭日益激烈。 技術標準和法規：不同國家和地區對智能化汽車的技術標準和法規要求不同，可能會影響產品的全球推廣。 能源價格波動：雖然新能源汽車有助於減少對石油的依賴，但能源價格的波動可能依然影響其經濟性。

創業者可以將 SWOT 看成一個相當直觀的工具，以嘗試尋求在創業過程當中如何通過自身優勢降低外界環境所帶來的威脅，同時創業者可以利用外界環境可能產生的機會，不斷彌補自身的不足與劣勢。在實際應用當中，創業者可以將創業機會中的許多模糊不清的因素，通過 SWOT 分析逐漸將它們關聯起來，使之動態化和清晰化。

第 3 章

撰寫商業計劃的藝術

學習目標

通過對本篇的學習，您將了解到：

1、創業者需要如何制定自己的創業計劃，以便在未來建立與眾不同的商業模式？

2、對市場行銷計劃的建立、描述以及過程的實施。

3、對創業管理團隊和組織計劃的建立、描述與實施。

4、財務預算計劃的編製與分類，如何對初創企業進行盈虧平衡分析？

3.1 如何制定一項創業計劃

引入案例

龐東升在尋求融資之前，曾經精心準備了一份商業計劃書。這份計劃書不僅詳盡地闡述了 51.com 的商業模式、市場定位、目標使用者、競爭優勢和財務預測等要點，還包含了一個高度精煉的計劃執行摘要。因為龐東升深知與投資人接觸的機會可能極為短暫，因此他需要一種簡潔而有力的方式來迅速吸引投資者的注意。

這個機會終於來到了，在 2005 年底的一天，龐東升參加了一個大型風險投資會議。這樣的會議通常匯聚了眾多潛在的投資者和行業專家，會議為創業者提供了一個展示自己項目的絕佳平台。龐東升抓住了這個有利的機會，他將自己的商業計劃書摘要巧妙地放置在會議前兩排的投資人嘉賓桌面上，確保了他的材料能夠直接送到可能對他項目感興趣的關鍵人物手中。他還特製了自己的名片，並在名片的背面印製了明確的融資願望和項目簡介。這種做法不僅提高了資訊的可見性，也增加了龐東升與投資人建立聯繫的可能性。

在整個會議的持續期，一旦龐東升有機會與投資人進行面對面的交流，他就會立刻利用這個機會，進行簡短而有力的自我介紹，同時向投資人遞上自己的名片，確保每位投資人能夠在會後記住他和他的項目。會議結束後，龐東升積極跟進，與那些在會議上曾經表示過興趣的投資人進行了更深入的溝通。他安排了與投資人面對面的商業計劃交流，詳細討論了關於 51.com 的商業計劃，並充分地解釋了投資人的各種疑問。龐東升的這種積極主動的跟進策略，最終幫助他獲得了紅杉資本等重量級投資者的關注與信任。

通過這一系列的努力，龐東升成功地引進了紅杉資本的數百萬美元的投資。這不僅為 51.com 提供了關鍵的資金支持，也為公司的進一步發展和市場擴張打下了堅實的基礎。

計劃是一個永無止境的過程，它為企業實現目標提供了框架與途徑。計劃可以是短期的，也可以是長期的；可以是戰略性的，也可以是操作性的。對於創業者而言，制定一個有效且具有持久性的創業計劃是至關重要的。在現實當中主要體現在如何制定一套行之有效的商業計劃書。

創業計劃本身就是一個漫長、艱辛、富有創造性並且不斷重複的過程。行之有效的商業計劃書能夠將創業者最原始的創意，轉化為創業機遇與創業實現，正如一隻毛毛蟲可以蛻變為蝴蝶一樣，創業者如果可以將實現未來創業目標的途徑中可能存在的優勢、要求、風險、機遇和潛在收益，經過仔細的思考、研究和篩選，形成一整套創造性的解決方案，最終可以轉化為一份如何達成創業目標的商業計劃。

形成完整的創業計劃需要一個即科學又嚴謹的開始。商業計劃書可以從創意到把握創業機會，直至完成創業計劃的過程，分為創業設計、商業模式選擇和商業計劃撰寫三個步驟。三個步驟類似於建築一棟樓房的過程。創業設計類似於修建樓房的地基和結構，通過設計如何建設堅固的地基和結構來保證未來樓房的穩固性。這要求創業設計必須要明確未來企業的核心戰略和基礎，包括如何建立和構成核心競爭力。如果沒有科學合理的創業設計，那麼創業過程將如同無根之木而隨處飄蕩，創業也將會缺乏前進的方向和動力。

商業模式選擇是創業計劃過程的第二步驟。在修建好樓房的地基與結構之後，需要對樓房進行佈局規劃，諸如設計師需要決定哪裏是客廳、臥室、廚房等。同樣的道理，在面對不斷變化的市場外部環境時，創業者的商業模式需要做出適當並且能夠快速反應的選擇。創業者需要持續不斷地檢查、更新和檢討現有模式的適用性，以便創造出具有獨特性的商業價值和成長潛力。在最後步驟的撰寫中，一份優秀的商業計劃要求創業者清晰自己的創業目標，以及如何達成創業目標的步驟，計劃要清晰完整地表明從初創企業的創業理念到未來創業期望結果的預期發展過程，創業者還應該強調如何有效地實現這個發展的過程。以下對如何完成商業計劃書的三個步驟進行詳細解釋：

3.1.1 創業設計：構建創業藍圖

創業設計是創業者構建企業未來願景的基石，它涉及了對創業基本假設的描述和核心戰略的明確。創業者必須具備對新興行業未來發展趨勢的預測能力並以此為基礎定義和改進企業的使命和願景，這不僅僅是對未來創業的一種價值承諾，同時也成為了企業戰略規劃的起點。

為了更好地制定創業的核心戰略，創業者可以從以下三個層次來建立自己的創業設計：

1. 定義初創企業的基本假設 這包括對市場需求、目標消費者群體、產品或服務的潛在價值以及行業發展趨勢的假設，這些假設需要基於市場研究和深入分析來確立並成為創業計劃的出發點。

2. 定義初創企業未來的核心戰略、組織結構和運營平台 創業者在明確了基本假設後需要制定企業的核心戰略，包括初創企業的市場定位、競爭策略、增長路徑等。同時，創業者需要為企業設計合適的組織結構和運營平台，以支持商業計劃的實施。

3. 定義初創企業與其它企業的創業設計差異化 差異化在競爭激烈的市場中是企業脱穎而出的關鍵。無論是通過技術創新、品牌定位還是消費者服務等方面，創業者都需要識別自身企業的獨特價值主張，在創業設計中需要體現這些差異。

創業者在制定創業設計的時候並不需要對其所有的要素徹底地進行行業模式顛覆。而應該依據自身的市場預測、企業的基本假設以及既定的戰略來做出符合企業實際情況的決策。在這個過程中，創業者不僅僅可以在現有的要素中融入創新元素，還可以識別並保留那些能夠驅動新要素成功的關鍵性因素。這種策略性的融合意味着即使在出現新變化時，創業者也不必完全摒棄現有的戰略選擇。重要的是要理解新的變化應與企業的核心價值和長期目標相協調一致，而非僅僅為了某項創新而制定創新計劃。

例證分析：對女士提包的創業設計

以女士提包為例，我們可以從兩個不同的市場定位來分析基本假設和差異化：

表 3-1　不同種類提包的基本假設比較

普通女士提包的基本假設	高端女士提包的基本假設
提包就是提包，只是用來裝載日常用品的一種商品。	提包是一種體現獨特個性和品味的生活方式。
企業需要關注是否可以大批量生產，是否可以降低生產成本，因為消費者願意購買價廉物美的產品。	消費者可能希望購買到小批量的、手工製造的產品，很看重提包設計的風格與造型，消費者同時更加看重品牌的效果。
企業需要在低成本方面競爭，通過廣告、打折等促銷手段，儘快覆蓋消費者的市場，爭取更大比例的市場份額。	可以培養箱包文化，通過專賣店的方式突出品牌效應，通過部分熱門品種的小幅價格上漲反而可以在複雜的環境中培養忠實的消費者。

通過上述女士提包的例證，我們可以看到不同企業的基本假設如何影響其策略和競爭能力。這些基本假設為創業者提供了制定未來圖景和做出市場預測的重要基礎。一旦這些假設被確立，創業者需要更加深入地考慮以下幾個關鍵方面：

(1) 未來戰略的制定

創業者需要基於基本假設來制定企業的未來戰略。這包括但不限於：

- **核心戰略：**創業者需要明確目標消費者群體，理解他們的需求和偏好以及創業企業如何為他們提供獨特的價值。
- **產品範圍與差異化：**在確定產品或服務的相應範圍後，創業者應該探索如何在市場中實現差異化以吸引和保留消費者。

表 3-2　不同種類提包的核心戰略及差異化比較

普通女士提包	高端女士提包
基本假設：大眾市場對提包的需求穩定，價格敏感度高，注重性價比和實用性。	**基本假設：**高端市場對品質、設計和品牌故事有更高的要求，消費者願意為獨特性和奢華性支付溢價。
核心戰略：以成本效益為主導，通過大規模生產降低成本，提供多樣化的設計以滿足不同消費者的需求。	**核心戰略：**專注於高品質材料和精湛的工藝，打造獨特的品牌故事，通過限量版產品來提升品牌價值。
差異化：通過提供定製服務或採用環保材料來區分市場，強調產品的可持續性或個性化。	**差異化：**通過與知名設計師合作提供獨家設計，或者採用傳統手工藝來增強產品的藝術價值。

通過以上分析，我們可以看到，無論處在普通市場還是高端市場，創業設計都需要基於對目標市場的深入理解來明確企業的核心優勢，並在設計中體現出與競爭對手之間設計的明顯差異化。

（2）組織結構的設計

一個有效的組織結構對於戰略的實施至關重要。這涉及到：

- **組織結構：**創業者需要設計一個能夠支持企業戰略，並促進內部協作的組織架構。
- **員工聘用與激勵：**初創企業應該招聘合適的人才，並制定激勵機制以提高員工的工作動力和忠誠度。

（3）運營平台的構建

運營是企業日常運作的核心，所以創業者需要考慮構建以下關鍵因素：

- **研發：**為保持企業的創新能力和市場競爭力而投資於產品或服務的研發。
- **採購：**初創企業要建立有效的供應鏈管理，確保原材料和資源的穩定供應。

- **製造：**優化生產流程，提高生產效率和產品品質。
- **銷售：**制定銷售策略，其中包括定價、促銷和分銷渠道的選擇。

例證分析

隨着人們健康意識和環保理念的興起，愈來愈多的消費者開始尋找既能滿足味蕾又能有益身心的飲食選擇。在這樣的背景下，綠色健康餐廳應運而生，它以提供綠色、健康、可持續性的食品為使命，迅速在市場上獲得認可。請為創業者的綠色健康餐廳做一個簡要的創業設計，同時比較綠色健康餐廳與普通餐廳設計的差異化。

表 3-3　兩種類型餐廳的創業設計比較

創業設計	綠色健康餐廳	普通餐廳
基本假設	綠色的餐飲：天然、有機、有營養 健康的人群：善待消費者 可持續性綠色產品	經濟的價格 消費者高附加值 菜品種類多 方便的地點和選擇
消費者選擇	注重天然、健康及可持續性的消費者 美食家 收入較高，注重健康和環保人士	中端、重視價值的大眾市場 普通收入人士
價值獲取	天然、有機的烹飪料理與菜餚	符合大眾品味的菜餚
產品差異化	可持續性 當地綠色農場的支持 團隊動力	產品多樣性 容易買到的地點
產品採購	主要是當地生產的新鮮有機、天然的原材料食品	全部範圍的原材料食品
產品銷售	可持續化綠色實踐宣傳 健康飲食環保講座 健康菜單	普通銷售和促銷
組織結構	分權化，當地團隊的決策和動力	傳統集中命令和控制
員工聘用	自身注重綠色、節能、環保及可持續性發展的工作人士	符合普通工作標準的人士

3.1.2 商業模式設計的解析

創業者在明確了初創企業的基本假設和核心戰略之後，緊接着的挑戰就是如何在操作層面上實現這些設計。有效地進行商業模式設計的問題被引了出來，表現在：創業者如何構建一個既符合企業自身特色，又能在市場上實現價值的創造和獲取的模式。

正如前文所講，商業模式的設計類似於繪製房屋的佈局和平面圖，房屋設計師可以根據實際的需求進行個性化設計、空間分割或連接。商業模式的設計與之相似，它決定了哪些組織和運營流程可以獨立、哪些可以整合、哪些需要創新或者淘汰。具體來說，商業模式是創業者規劃企業如何創造、傳遞和獲取價值的基本藍圖。亞歷山大・奧斯特瓦德（Alexander Osterwalder）和伊夫・皮尼厄（Yves Pigneur）在《商業模式新生代》（2010）中提出的商業模式九大關鍵組成部分，為創業者設計新的商業模式提供了一個全面的框架參考：

- **關鍵業務**：確定哪些活動必須執行，用以維護消費者關係並確保業務成功。
- **價值主張**：明確產品或服務為消費者提供的利益，解決他們的痛點。
- **消費者關係**：設計與目標消費者建立的關係類型，以提升消費者體驗。
- **消費者細分**：識別目標消費者群，確定關注和忽略的群體。
- **銷售渠道**：構建最為便捷的消費者接觸和交流方式，用來滿足購買和售後需求。
- **利潤來源**：探索從目標消費者獲取收益的方法，增加企業產品 / 服務的價值。
- **成本結構**：分析固定成本與變動成本的比例，並且確定企業的盈虧平衡點。

- **核心資源**：識別與實現目標所需的資源，以及獲取這些資源的方式。
- **重要合作**：確定供應鏈中的關鍵合作夥伴及其提供的價值。

創業者設計的商業模式應與其願景、假設、戰略、組織和運營緊密相連。在進行初次設計後，創業者需要持續地評估商業模式的適應性，並能夠預測未來 5-10 年的發展趨勢。通過與現有商業模式的預測比較，創業者可以發現在以上九個組成部分中是否存在着創新和變化，這也充分地反映了組織的適應性，是否可以引領市場變化的可能性。例如，若創業者希望在混合動力或電動汽車領域尋找機遇，企業的基本假設應圍繞便捷的節能交通工具和環境保護方面進行深一步的思考。商業模式中的成本結構應該體現在對綠色節能科技的投資，以及如何將關鍵業務與環保材料、新能源動力、節能配件的研發緊密相關。核心資源必須與體現完成關鍵業務所需要的資源保障，以及如何更好地利用有效資源相一致。

3.1.3 商業計劃的精心打造

在完成了對創業的設計，選擇了合適的商業模式之後，創業者緊接着的任務就是需要制定一份詳盡的商業計劃。這份計劃是實現創業願景的藍圖，它需要向創業者本人以及潛在的投資者展示未來創業企業以下方面的能力：

1. 產品價值的構建與增強　商業計劃應該清晰地為消費者建立起對產品價值的客觀認識，闡明產品或服務如何解決市場上存在的問題或如何滿足消費者全新的需求。

2. 資源需求的明確　商業計劃必須展示實現目標所需的資金數量、人力資源和設備資源，以及資訊資源的詳細需求。

3. 市場與盈利潛力的證明　商業計劃需要證實企業所處的市場具有哪些吸引力，其中包括市場規模、增長潛力、產品利潤率、現金流狀況、獲利可能性和投資回報率等關鍵性指標。

4. 團隊的適應性　商業計劃應闡明是否在不同的時間節點、市場和運營環境下存在合適的創建和管理團隊，來匹配創業企業發展的需要，所創建的管理團隊是否已經實施了有效的風險控制。

一份優秀的商業計劃對於創業者而言至關重要，因為它不僅描述了創業者的思想理念與願景，還進一步地闡釋了企業的功能和盈利的價值所在。對於創業者和投資者而言，這些內容都是至關重要的。創業者團隊所精心制定的商業計劃書可以更清晰地規劃企業未來的發展路徑，同時也向投資者展示其初創企業未來的巨大潛力和可行性。根據 Jeffry Timmons 和 Stephen Spinelli 在《新風投的建立：21 世紀的創業學》（2008）中所總結的那樣，一份完整的商業計劃應該包括但不限於以下這些關鍵要素：

表 3-4　一份完整的商業計劃要素目錄

1. 執行概述	**4. 業務的經濟情況**
• 企業的理念和需要解決的顧客痛點 • 對目標市場的規模和價值的預測 • 產品與市場的定位，獲取價值的競爭優勢 • 成本構成 • 投資回報率和可持續發展能力 • 團隊和產品 / 服務	• 商業模式設計 • 毛利潤和淨利潤 • 固定成本、變動成本和保本平衡點 • 盈虧平衡所需時間 • 達到正現金流所需時間
2. 行業、公司和產品 / 服務	**5. 行銷計劃**
• 行業 • 公司和公司理念與願景 • 產品 / 服務提供 • 進入與發展戰略	• 行銷總體戰略：產品 / 市場定位 • 產品 / 價格 / 地點 / 促銷 • 產品推出和投放方式 • 定價方式 • 廣告與促銷 • 售後服務體系 • 品牌價值建設 • 市場行銷方法
3. 市場研究與分析	**6. 設計與研發計劃**
• 消費者調查 • 市場規模與趨勢調查 • 競爭與競爭優勢調查與分析 • 預測市場份額與銷售情況 • 不間斷的市場評估方式	• 技術發展現狀和歷史 • 設計與研發風險 • 技術、改進和研發新產品 • 產權保護問題

（續上表）

7. **生產製造和運營計劃**	11. **財務計劃**
• 運營週期管理 • 企業地理選址 • 設施和改善 • 生產策略和計劃 • 規章與法律問題	• 實際利潤表和資產負債表 • 預編利潤表 • 預編資產負債表 • 預編現金流分析 • 盈虧平衡圖和盈虧平衡點分析 • 成本控制 • 財務計劃等其它重點問題
8. **管理團隊**	12. **預計公司回報**
• 組織結構 • 關鍵管理人員介紹 • 管理層薪金、福利與股權分配 • 其它投資人介紹 • 僱傭協定和其它協定 • 員工股票期權和獎金計劃 • 董事會、監事會、其他股東權利、限制條件 • 專業化顧問和服務支援	• 期望融資 • 招股發行 • 資本總額情況 • 資金使用方向 • 投資者回報預測
9. **整理時間安排**	13. **附錄**
• 總時間表、日程 / 里程碑事件	• 接受投資者資金的條款和條件 • 其它相關文件
10. **關鍵風險、問題和假設**	
• 產品技術風險 • 市場風險 • 人員風險 • 管理風險 • 競爭與戰略風險 • 融資風險 • 致命缺點假設	

商業計劃是創業者與投資者之間共同努力的起點，它標誌着雙方對初創企業潛力的深入挖掘和對潛在風險的直接面對。但在當今這個快速變化的互聯網時代，新科技技術的迅猛發展往往形成了「計劃趕不上變化」的尷尬局面，商業計劃的預期壽命由此也被大大地縮短了。科技化市場的不斷變化也意味着幾乎沒有創業公司能在一年後還可以完全依照最初的商業計劃來從事運營。在這樣的外部環境中，商業計劃的靈活性和應變能力變得至關重要起來。因而它已經不僅僅是一個靜態的計劃文檔，而是變成一個可以被靈活調整的動態化的創業指南，引導創業者將新創意和新機遇不斷地融入預期業務當中。

撰寫商業計劃可以被視作一項持續進行的工程。它需要描述創業者應該如何有效地籌集資本、吸引人才、創造商業模式等。雖然撰寫工作有完成的一天，但計劃的調整過程卻永遠不會結束。這類似於飛機的長途飛行，雖然有預定的航線，但途中可能會遇到雷暴、霧霾、強風等不可預測的變化，需要飛行員不斷調整飛行軌道以確保旅途的安全和成功。

如果未經過充分的準備，商業計劃當然也可能會以失敗而告終，失敗的原因也有許多種可能，綜合而言，一個準備不足的商業計劃可能存在以下導致失敗的因素：

- 創業目標設置不合理，缺乏實現的基礎；
- 目標過於模糊，無法量化和衡量；
- 創業者未能全身心投入；
- 創業者在企業管理和經營方面經驗不足；
- 未能對創業機遇進行科學合理的分析；
- 設計的產品或服務未能滿足顧客的實際需求。

為了避免以上這些風險，創業者應該設立具體、明確、可量化的目標，以便全力以赴地投入到創業當中去，並且不斷進行學習和更新知識。創業者應該通過觀察、問卷調查、訪談等手段，深入去了解顧客需求以及如何有效地滿足這些需求，並在商業計劃中體現這一理解。

商業計劃是創業者的路線圖，它需要不斷地審視和更新這個路線圖，以適應不斷變化的環境，通過設立合理的目標、深入了解市場和顧客進行持續的自我提升。創業者可以更好地提高商業計劃成功的可能性，並在創業旅程中靈活地應對各種不同的挑戰。

3.2 市場行銷計劃的策略構建

對於創業者而言，市場的行銷計劃是商業計劃中至關重要的組成部分。制定有效的行銷計劃前，創業者需要收集所有必要的市場訊息和資料，同時創業者需要思考以下三個基本問題：

1. 我們去過哪裏？ 這涉及到創業者對市場歷史的回顧，包括企業的背景、優勢、劣勢，以及外部環境中的機會和威脅。

2. 我們要去哪裏？ 這關係到公司在一個運營週期內需要實現的市場目標，如市場佔有率、銷售規模、銷售額和利潤回報率。創業者需要深信通過努力後實現這些目標是可行的。

3. 我們將如何到達那裏？ 這涉及到行銷計劃的實施策略，包括所需資源、預算和監督活動的負責人，創業者需要認真思考通過何種路徑可以達到預期的目標。

行銷計劃通常以年度為單位進行考量，其策略一般聚焦於產品、價格、分銷和促銷這四項行銷組合的關鍵變量，並且規劃應該如何執行這些策略。行銷計劃的制定是一個年度的循環過程的體現，更要求創業者每年應該根據市場的變化進行持續化的更新。

3.2.1 行銷計劃的準備步驟

行銷計劃的準備是一個分階段的過程，為創業者計劃的成功執行提供了市場資訊的基礎，從而使創業者進一步深化對「我們去過哪裏」的思考：

經營環境分析 創業者首先要分析企業所面對的經營環境如何，包括對企業及產品過去的績效進行相應的回顧。對於新成立的初創企業而言，需要描述產品或服務的開發過程以及它們將如何滿足潛在的市場需求。

行業與市場訊息收集 創業團隊需要科學地收集和分析行業與市場訊息，

包括市場機遇和行業分析中所涉及的相關訊息收集內容。

競爭對手分析　創業者必須懂得識別每一個現有的和潛在的競爭對手（包括新進入者），收集關於他們的位置、規模、市場份額和財務資訊，並根據他們對自己的威脅性進行排序。

在所定義的目標市場基礎上，行銷計劃中的一項最為關鍵的步驟就是進行市場細分。市場細分是根據消費者需求的顯著不同點，將市場劃分為不同的子市場，每個子市場內的消費者都具有相似的需求和慾望。創業者需要通過市場細分來識別不同類型的顧客群體以便快速地回應每一個細分市場中顧客的需求。

市場細分通常可以按照以下兩種方式進行：

表 3-5　市場細分中顧客的兩種屬性方式

顧客的特徵屬性	顧客的購買屬性
• 地理的（例如，國家、地區、城市、鄉村等） • 人口統計的（例如，性別、年齡、職業、種族、收入等） • 心理的（例如，個性和生活方式） • 文化的（例如，文化背景和亞文化）	• 期望所獲利益（例如，產品的新功能） • 產品的使用頻次（例如，使用率） • 產品的購買條件（例如，價格允許、時間允許、地點允許） • 產品的購買意識（例如，產品的熟悉度和購買意願）

通過這些細分方式，創業者可以更清晰地去定位目標市場，並制定相應的行銷策略來滿足不同顧客群體的需求。

在對市場進行合理化細分之後，創業者需要進一步分析企業在各個細分目標市場中的優勢和劣勢。本書第二章所描述的 SWOT 分析法是一種非常科學的分析工具，SWOT 分析法可以幫助創業者全面地審視內部優勢和劣勢以及外部的機會和威脅。創業者通過 SWOT 分析可以深入地思考「我們要去哪裏」，即明確企業的發展方向和市場目標。在建立了合理化、可量化的市場細分目標後，創業者可以着手制定具體的市場行銷計劃以解答「我們將如何到達那裏」。

3.2.2 行銷計劃的具體描述

行銷計劃需要描述出如何利用市場機遇和企業的自身競爭優勢來完成行銷策略的具體化。包括需要討論產品與服務策略、價格策略、渠道銷售策略、促銷策略、銷售預測等。在具體描述行銷計劃時需要明確地回答以下四個問題：

- **要做甚麼：**明確行銷計劃的目標和預期成果。
- **如何做：**明確實現目標的方法和手段。
- **何時做：**明確規劃行銷活動的時機和時間表。
- **誰來做：**明確分配的責任和資源，確保每項活動有人負責。

根據行銷計劃的特徵，創業者可以將其具體劃分為以下六方面內容：

（1）整體行銷策略

- 創業者的行銷哲學和戰略是甚麼？在所定位的目標細分市場當中需要定義哪些不同類型的消費者群體？如何來聯絡這些消費者群體？用甚麼樣差別化的、不尋常的、變革性的行銷哲學和理念來吸引消費者以及提高消費者體驗度、接受度和滿意度。如何利用自身的優勢完成預期銷量？類如服務、品質、價格、運輸、保證或者培訓等。
- 說明創業者未來的產品是否有機會進入國際市場、全國市場或者區域性市場，解釋進入相關市場的可行性，如果有必要，可以闡述任何在日後拓展銷售量的計劃。
- 討論任何可能儘快導致正現金流形成的行銷方式，探討創業者可以做些甚麼以達到這種期望。

（2）定價策略

- 描述定價策略，包括初創企業為產品和服務所定的價格標準，如何將自身產品的價格政策與其競爭對手的價格政策進行比較，如何評估初創企業定價的合理性。

- 討論最終銷售與生產成本之間所產生毛利潤的合理性，同時思考毛利潤值是否足夠高，是否可以滿足未來提供初創企業相關成本的攤銷和拓展生產規模的資本需求。
- 解釋初創企業所指定的產品價格的原因，為甚麼價格可以讓顧客接受這些產品或服務？如何利用定價面對競爭以及如何保持並增長初創企業的市場份額？如何通過定價產生利潤？
- 證明初創企業的定價策略和產品價格與其它競爭對手的明顯差異在哪裏？主要從對顧客帶來的經濟回報和通過產品的新穎性、品質、保證、性能、售後服務、成本結構、效率等方面來描述初創企業的產品價格如何領先於競爭對手，初創企業定價策略所存在的優勢都包括哪些。
- 如果初創企業的產品價格比競爭對手更低，需要説明創業者需要如何保證可盈利性，初創企業是否通過了規模經濟、更高的效率、更低的勞動力成本、更低的原材料價格、更低的管理費用等因素導致了更低的產品價格。
- 討論現有定價策略的合理性，以及未來價格可能的走向趨勢和應對方案。

（3）銷售渠道策略

- 甚麼樣的產品和服務銷售渠道是有效的，是否具有與之相配套的銷售資源力量？例如，企業的銷售團隊、銷售代表、分銷商、直銷商等。針對銷售資源力量的培訓計劃和期望達成的效果應該如何？
- 是否具有提供給分銷商、零售商、批發商、推銷代表的銷售政策以及相關折扣，初創企業是否具有獨家分銷機構等特別政策，將這些政策與初創企業的競爭對手的銷售政策進行比較。

- 需要思考並回答初創企業是如何挑選分銷商、零售商或者銷售代表的？這些機構在甚麼情況下可以被允許代表企業？他們所覆蓋的地區包括哪些？分銷商和銷售代表數量分別是多少？每個銷售單位的銷量是如何制定的？
- 是否可以實施直銷方式銷售？銷售組織結構如何組成？是否可以通過直接郵寄、電視銷售、電話銷售等方式銷售？渠道如何建立？是否還有一些其它可替代性的銷售方式？
- 每年每一名銷售人員應該完成的銷售量有多少？他們可以因此獲得多少獎金或者佣金？這些資料與行業中的平均值比較後是否具有吸引力？
- 制定初創企業近期的銷售時間表和銷售預算，這包括所有的市場促銷和服務的成本。

（4）售後服務保證措施

- 如果初創企業所提供的產品或者服務需要建立售後服務保證，討論處理好售後服務問題的方法。需要指出售後服務對顧客而言的重要性。
- 描述任何將要為消費者所提供保證的種類和條款，必須明確説明售後服務是由公司服務人員直接完成，還是委託代理、銷售商或者分銷商來進行。
- 指出服務性電話的預計費用，預算售後服務所涉及到的成本，考慮其可能的收支狀態。

（5）廣告與促銷

- 描述初創企業為了引進潛在的消費者對產品或服務產生興趣而使用的方法。
- 對於製造型初創企業説明參加展覽會，以及利用 B2B 貿易網站、產品宣傳冊、廣告代理方式的可行性。

- 對於最終面對消費者的產品來説，説明將要利用甚麼樣的廣告和促銷活動來介紹產品或服務更加有效。例如，推銷、公關活動、B2C貿易網站、電視廣告等。
- 給出初創企業促銷和廣告的時間表和大致的成本，討論這些成本結構分配的合理性。

(6) 銷售過程

- 描述初創企業將會採用何種銷售方法和銷售渠道。
- 指出初創企業的運輸成本對產品售價的影響度。
- 指出任何銷售過程中需要解決的，或者薄弱環節可能遇到的問題。
- 如果涉及到國際貿易與銷售，需要説明銷售將如何去完成，包括分銷、運輸、保險、信貸、托收等。

通過對以上六項具體內容的規劃和實施，初創企業可以通過行銷計劃力爭實現其市場目標。

3.2.3 行銷計劃過程的協調與實施

創業者需要協調好整個行銷計劃的全過程。如果在協調過程中缺乏相應的協調經驗，他們可以嘗試向有關機構和專業人士尋求幫助，例如諮詢專家、大學教師、行銷顧問等。創業者在實施過程中必須考慮計劃實施的合理性和成本結構的科學性，同時還該承擔行動的責任。

任何行銷計劃最終都完全按照所計劃的那樣實施並獲得成功是完全不現實的，創業者和管理團隊並不一定拘泥於已經制定好的行銷計劃和其相關文檔。而是要根據所面對市場的實際情況，及時做好調整、修正和改進。時刻準備在必要時刻做出相應的調整，以便用正確的方式實施「我們將如何達到那裏」的行為過程。在實施過程當中，創業者和管理團隊還需要不斷地跟蹤、監督過程的階段目標和結果，不斷地察覺和發現是否存在不良信號，以便儘快調整和改進現有行銷活動和可能存在的問題與不足。隨時準備好應對變化，靈活調整策略以適應市場的需求和挑戰。

3.3 管理團隊和組織計劃構建

在創業者的創業旅程中，能否成功地吸引投資者的資金是推動企業快速成長的又一項關鍵策略。投資者在考慮是否對某一家初創企業投資時，一定會特別關注創業者是否能夠領導起一個卓越的管理團隊，這支團隊既要有能力實現既定的創業目標，還要能夠展現出對企業未來發展的全身心投入和承諾。因為投資者所期望看到的不僅僅是創業者和管理團隊的專業能力，更重要的是看重他們的道德標準和對企業的責任感。這種責任感體現在創業者和管理團隊成員對企業的投入深度，而並非將其視為副業或兼職。投資者期望創業者及其管理團隊將初創企業的管理視為一項全職並且至關重要的任務，而並非是可有可無的副業。他們希望看到團隊在創新、運營和管理等方面展現出卓越的綜合能力，他們認為這些能力是企業成功的關鍵。

投資者會密切關注團隊的薪酬結構，以確保創業者和管理團隊的報酬與其對企業的貢獻相匹配，創業者應該避免為自己或團隊成員發放過高的薪酬而成為企業發展的負擔。如果創業者試圖從企業中獲取不合理的高薪酬，這將被視為對企業缺乏責任感和道德倫理問題的表現，從而可能導致投資者對創業者失去信心，進而影響到企業的長期發展和成功。

雖然一些創業者可能會自信地認為，自己已經具備了單獨處理創業過程中各種問題和風險的能力，但是投資者更傾向於看到創業者願意與團隊成員共同分享企業的責任和權利。投資者認為如果將企業的命運完全寄託於某個人是很不明智的，因為這樣將會增加投資者的投資風險。實際上，即使是最有能力的創業者也難以獨自應對所有挑戰，所以如果創業者希望將企業發展成為一個持續成長、管理有序、效率卓越的組織，就需要建立一個有能力和責任心的成員共同組成的管理團隊，卓越的管理團隊對於初創企業的成長至關重要。這樣的團隊才能夠共同面對挑戰，以及利用團隊成員各自的專長和經驗來推動初創企業向前發展。

3.3.1 管理團隊計劃

在制定管理團隊計劃時，我們應該認識到一個由一流人才組成的團隊，即使面對一個普通的創意，也能夠通過他們的才能和努力將其轉化為成功的產品或服務。優秀的管理團隊不僅需要具備追求機會和資源的能力，還需要展現出豐富的經驗、強烈的動力、堅定的責任感、不懈的堅持、風險的承受力、創新的思維、高度的適應性和對機會的敏銳把握。創業者在組建團隊時必須清楚如何有效地、科學地組織和激勵團隊成員，以確保團隊的高效運作和持續進步。

蒂蒙斯創業模型為我們提供了一個框架，幫助我們理解創業團隊、機遇和資源之間的相互作用以及如何通過這三者的協同作用來推動企業的成功，如下圖所示。

圖 3-1　創業團隊、機遇和資源之間的相互關聯

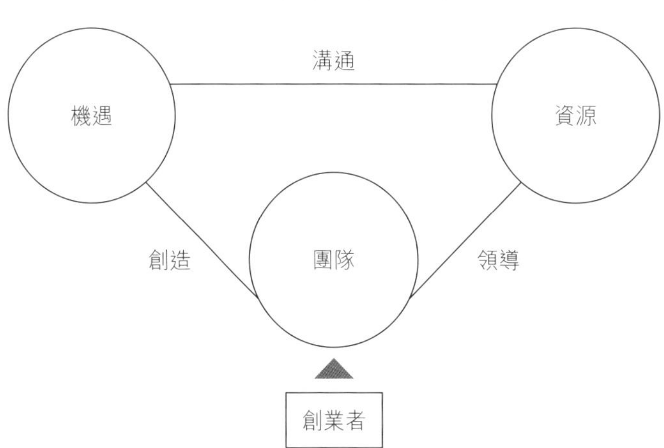

模型展示，優秀的團隊可以發現和創造出更好的創業機遇，並且通過調動和領導各種有效的資源，與內外部環境進行有效交流與溝通，正視自身的差距與不足，尋找和實施與創業團隊實力、環境相匹配的創業項目與過程。

在初創階段，創業者傾向於招募與自己有着共同價值觀和經歷的團隊成員，他們會認為這樣的相似性將有助於促進團隊內部的溝通和理解。這種相似性帶來的共鳴可以增強團隊成員對未來的信心並且激發他們的共同努力，一起為初創企業的成功而奮鬥。

正是由於人們天生傾向於與相似背景的人建立聯繫，團隊成員可能會不自覺地選擇那些在職業經歷、教育水平等方面與自己相似的人。然而，這種背景的高度同質化也可能會導致團隊陷入一種「群體思維」的陷阱，限制了決策的視野和創新性，這對企業的長遠發展和管理效率是極為不利的。

為了促進企業的全面發展，以創業者為首的創業團隊需要在成員之間形成廣泛的多樣性和互補性。創業者應避免僅僅因為舒適而選擇那些與自己背景相似的團隊成員。相反，他們應該積極尋求那些能夠帶來不同視角和技能的人才加入自己的團隊，以增強團隊的多元性、互補性和包容性。這需要創業者展現出開放的心態和寬廣的視野，具有願意接納和整合各種不同的思想的能力。

梅雷迪斯．貝爾賓的團隊角色理論提供了一個深刻的洞見，他將團隊成員的角色細分為九種基本類型，每種類型都有其獨特的貢獻和價值。每種角色都以其特有的方式對團隊的成功做出貢獻：

執行者　執行者是團隊中的組織者，負責將計劃和想法轉化為實際行動。他們注重細節，確保任務按時完成。

協調者　協調者是團隊的領導者，他們擅長整合團隊成員的不同技能和觀點，以實現團隊目標。

創意者　創意者是團隊中的創新者，他們負責提出新穎的想法和解決方案。他們通常思維活躍，喜歡探索新的可能性。

評估者　評估者以邏輯思維和批判性思維著稱，他們負責分析問題和評估解決方案的可行性。

資源調查員　資源調查員是團隊的探索者，他們負責尋找外部資源和資訊，建立網路，並為團隊帶來新的外部機會。

團隊工作者　團隊工作者是團隊中的調解者，他們擅長傾聽和支持他人，促進團隊合作與和諧。

完成者　完成者屬於完美主義者，他們注重任務的完成和品質，通常對細節非常敏感，並努力確保任務達到最高標準。

專家　專家是團隊中的技術能手，他們擁有特定領域的深入知識和技能。他們為團隊提供了專業建議和技術支持。

外交家　外交家是團隊的驅動者，他們往往具有強烈的目標導向和緊迫感。他們推動團隊前進、克服障礙、實現目標。

創業者還需要為不同層次和類型的團隊成員制定有效的激勵策略。他可以根據企業和員工的不同特點做出不同的激勵選擇。一個精心設計的激勵機制可以顯著提高創業企業的整體運作效率和員工的工作動力。對於一家初創企業而言，一種相當有效但又不花費企業預算的激勵方法是：企業對於表現出色的員工應及時給予誠懇的稱讚，稱讚可以通過公司公告牌、電子郵件、感謝信、會議表揚等多種方式激勵員工。其次，企業可以通過贈送股權或者期權的方式激勵貢獻特別大的員工，這種激勵方式能培養他們與公司共同進退的精神與意識。

創業者還需要警惕管理團隊在運作過程中可能會面臨的多種風險和衝突，例如，團隊可能缺乏一個統一明確的領導核心或者成員之間的搭配不夠合理。如果團隊成員對共同的目標、願景、宗旨或方向缺乏共識，也可能會導致認知上的分歧或情感上的衝突。這些風險和衝突如果不被加以妥善管理就會嚴重地阻礙初創企業的發展。

3.3.2 精心打造組織設計計劃

創業者需要精心地打造符合創業企業特徵的組織設計。通過建立清晰的組織框架結構，設計出順暢的管理流程。創業者主要通過以下五個方面明確企業中的許多重要事項：

1. 組織結構的合理性 組織建立的結構類型是應確保崗位分配的合理性。每名崗位成員都應該具有明確的權利與責任分工，這種權責關係需要緊密配合以實現有效的管理與溝通。創業團隊完善的權責關係可以減少企業管理範圍的冗餘或空缺。

2. 建立計劃、衡量和評價制度 創業者在組織的不同層面上應該設定多項具體目標。制度中需要清晰地説明如何實現、衡量和評價這些目標。

3. 發揚激勵制度 創業者應表彰和獎勵忠誠和負責任的成員，因為這些成員通常會表現出對工作的主動性和積極性。有效的激勵制度應該包括認可、晉升、獎金、股份等多種方式加以實現，並根據員工的績效和成績進行綜合評定。

4. 制定崗位用人標準 創業者根據不同崗位的特點，需要制定出具有特色的用人標準，用人的標準不要局限於學歷或專業的背景，而應該從多個角度考慮和評定候選者的綜合能力。

5. 人員培訓計劃 創業者需要為初創企業建立一系列的學習型組織文化，人員培訓是實現學習型組織文化的關鍵環節。無論企業以何種形式對員工進行培訓都應在計劃中闡述這類培訓的必要性。

雖然創業者在創業初期時的組織設計可能會相對簡單一些，甚至創業者可以獨立承擔所有的設計工作。但是隨着組織規模的擴大和結構變得更為複雜，上述五個方面的重要性也隨之增加。

在撰寫組織計劃前，創業者需要對初創企業的各個相關崗位進行工作分析、描述和說明。工作分析包括企業如何確定招聘、培訓、績效評估、薪酬標準和發放程式。工作描述和工作說明書的編製，包括企業應該明確不同崗位的工作細節和所需特定條件與技能。在工作說明書內還需要概括描述某個崗位所需要的專業背景、行業經驗和學歷准入等標準。

如何在組織計劃的基礎上合理分配必要資源是創業者的另一項重要職能。創業者需要決定初創企業不同部門或個體的資源保障分配。資源配置是一個複雜且微妙的問題，創業者如果處理不當則可能會引起因為不同部門之間資源配置不公而產生衝突，導致一個錯誤的決策造成連鎖的反應。所以創業者需要從科學、嚴謹、公平的大局出發，避免因為個人情感引發不必要的資源配置衝突。

3.3.3 管理團隊與組織計劃的詳盡描繪

商業計劃書中對管理團隊和組織計劃的描述涵蓋了創業者需要履行的關鍵職能項目。這包括：

- **關鍵管理人員的基本職責：**詳盡明確了每位管理團隊成員的角色和責任。
- **公司組織機構的提綱：**詳盡展示組織結構圖和各部門的職責分配。
- **董事會的組成：**詳盡介紹董事會成員及其背景和對公司治理的貢獻。
- **投資者所有權和地位的描述：**詳盡闡述投資者在公司中的權益和法律地位。

商業計劃書需要展現出管理團隊成員在技術、管理、行銷等方面的專業優勢，具體描述可以從以下八個方面進行：

（1）組織構成

- 組織計劃要展現出初創企業內應該包含哪些關鍵的管理成員，如果企業已經成立一段時間或者有一定的規模，需要附上企業的組織結構圖。
- 指出在不同的執行崗位中，崗位職能都是甚麼？崗位職責應該怎樣去完成？創業者需要回答崗位職能由誰來完成以及甚麼時候可以完成，甚麼時候可能會被其它崗位職能所替代。
- 如果有某些關鍵人物目前無法參與企業管理團隊或者無法參與企業的董事會，需要説明甚麼時間他可能會加入創業者的企業。
- 討論管理團隊成員在現在或者未來展開共同工作的時候，是否考慮到如何發揮他們之間的合理分工和互補性，依據甚麼證明這些成員的工作是高效的。

（2）企業關鍵人物

- 組織計劃要詳細描述每一位初創企業關鍵人物的職業生涯亮點，尤其是能夠證明這些關鍵人物具有擔當指定任務的能力。計劃中需要展現出他們所具備的關鍵技術、技能、成績、經驗方面的歷史記錄、所產生的績效境況等，例如，他們以往的銷售和盈利的情況或者是否曾經參與過創業的經歷和成績等。
- 組織計劃要詳細描述出管理團隊中每一位關鍵成員在初創企業內的具體職責和責任。
- 儘量提供出每一位關鍵人物比較完整的履歷或者以表格的形式突出強調他們相關的資質、經驗和具體成就。諸如他們曾參與的產品銷售量和利潤的提升、項目管理的成功、生產和技術上的成就、提前完成工程的記錄等。

(3) 管理層報酬與所有權

- 組織計劃需要顯示出企業計劃付給每一位關鍵成員的薪金標準、計劃的股份或者所有權比例和數量。
- 如果有必要，在組織計劃章節內可以將每一位關鍵成員的現有薪金與其上一份獨立工作的薪金進行比較。

(4) 風險投資者

- 介紹除了創業者之外的其他投資合夥人的情況，主要包括他們所擁有的公開發行並售出股份的數量和比例是多少，他們何時投資？投資價格是多少？

(5) 僱傭協議、股份優先權、獎金計劃等

- 描述對初創企業關鍵人物的現有的、或者正在考慮的僱傭協定內容。
- 説明任何影響股份所有權和處理權的情況可能以及對投資方面的限制。
- 描述任何與績效結合的股份優先權和獎金計劃。
- 總結任何用於為關鍵人物和員工計劃的內容，是否制定激勵性股權優先計劃或者其它股份所有權計劃。

(6) 董事會情況

- 討論初創企業中關於董事會的規模與組成。
- 預期的董事會包括哪些成員，簡要描述每一名成員的背景，闡明這些成員能夠為初創企業帶來哪些可能的貢獻。

(7) 其他股東、權利和限制

- 討論初創企業內是否還包含任何其他股東，其他股東的權利、責

任、限制分別包括哪些？

(8) 專業諮詢人員與提供的服務

- 組織計劃需要說明初創企業所需要的專業諮詢人員應該提供哪些服務。
- 提供初創企業選擇的法律、會計、廣告、諮詢等專業諮詢人員姓名、所屬機構，以及他們分別提供服務的內容與必要性。

3.4 財務預算計劃構建

創業者需要在創業初期建立一系列完整的財務預算機制，其核心目的在於評估並確定初創企業一年以上可能的收入與支出基礎。例如，某企業的財務主管正在計劃購置機器設備與車輛，但是發現該企業的現金流已經不足以支撐其購買計劃時，財務主管可以考慮以租賃的方式作為替代購買的方案，這樣可以在短期內節省大部分的現金流，但財務主管依然同時需要評估租賃費用是否又會增加企業日常費用的支出壓力。通過以上舉例，說明財務預算對於協助創業者進行未來科學的財務規劃具有至關重要的作用。

在財務預算中，創業者至少需要編製以下預估報表和分析：損益預估表、資產負債預估表、現金流量預估表和盈虧平衡分析，這些工具均可以用於分析未來企業財務整體運行狀態的合理性。

為了科學化地編製財務預估表格，創業者應該首先進行市場的銷售預算，即估計每月銷售量和產品價格的市場預期值。然後根據預估銷售數量和原材料的市場價格初步預估銷售成本。同時創業者需要留意期初與期末的存貨數量，以便及時調整人工及物料需求和成本波動。創業者在完成了銷售預算後，還需要細緻處理經營成本的問題，包括估算企業運營中所產生的固定成本和可變成本。固定成本涵蓋了管理人員薪金、辦公室租賃費用、倉儲費用等；可變成本包括廣告費、工人薪資、原材料成本等。通過對財務資料的劃分和整理，進一步編製企業財務預算計劃。

3.4.1 損益預估表

損益預估表是企業財務規劃中的核心報表之一，它圍繞着收入與成本這兩類關鍵性的財務指標。編製損益預估表的首要任務是合理預測未來產品銷售數量和單價，從而獲得準確的預估銷售收入。這一預測應基於市場調查、行業銷售狀況和試銷經驗。對於初創企業而言，銷售收入在初始階段通常會經歷循序漸進的過程而不會大規模形成，因此損益預估表中所預測的數字需要保持合理並接近現實。

銷售成本是編製損益預估表的另一個主要因素。創業者需要根據當前行業市場的原材料價格和人工成本進行預估。編製損益預估表需要仔細評估未來可能發生的全部經營支出，以便確保將增長的支出記錄放在恰當的時間點上面。例如，當企業啟動新市場開發計劃時，雖然該計劃可能會促進未來的銷售收入，但是同時也可能會導致市場開發費用支出的增加，諸如新增銷售人員的交通費、餐飲費、委託費等。創業者在編製損益預估表時還需要考慮貿易展覽會、倉儲費用、保險費用等費用的發生時機，創業者需要準確預測這些費用，並合理安排在損益預估表中的某些時間範圍內。

以下為某公司未來五年內的損益預估表示例：

表 3-6　某公司 20X5-20X9 年損益預估表　　　**（貨幣單位：$）**

年份	20X5	20X6	20X7	20X8	20X9
淨銷售額	2,821,500	10,286,10	32,967,000	69,776,000	92,414,000
銷貨成本（COGS）	1,072,170	3,600,135	9,890,100	20,932,800	27,724,200
毛收入　$	1,749,330	6,685,965	23,076,900	48,834,200	64,689,800
廣告	170,000	275,000	300,000	480,000	720,000
壞賬費用	56,430	205,722	659,340	1,395,520	1,848,280

（續上表）

年份	20X5	20X6	20X7	20X8	20X9
銀行費用	3,600	6,000	7,800	9,600	11,800
折舊和攤銷	97,857	177,024	533,770	1,015,056	1,623,984
會費和訂閱費	2,400	2,400	3,600	7,200	9,400
保險	64,000	96,000	96,000	144,000	177,000
許可證費用	12,700	6,000	6,000	6,000	6,000
行銷和促銷	483,000	960,000	1,200,000	1,960,000	2,160,000
伙食費和交際費	103,000	240,000	480,000	705,000	725,000
雜項	12,000	30,000	57,000	230,000	240,000
辦公用品	24,900	36,000	60,000	106,000	180,000
外部服務費	20,100	-	-	180,000	240,000
工資和薪水	1,160,000	1,610,000	2,820,000	3,360,000	4,100,000
工資稅	64,000	102,000	210,000	300,000	530,000
福利	190,000	276,000	456,000	720,000	1,350,000
專業服務費	3,500	-	-	-	-
地產稅	-	-	-	-	-
租金	216,000	276,000	276,000	276,000	309,000
維修和保養	12,000	24,000	30,000	48,000	70,000
電話	10,200	44,000	48,000	36,000	47,000
培訓和發展	49,000	72,000	96,000	180,000	240,000
旅費	204,000	340,000	396,000	420,000	420,000
公用設施	63,000	80,000	80,000	100,000	240,000
車輛	53,000	68,000	88,000	126,000	350,000
研發費用	800,000	1,400,000	1,440,000	3,000,000	4,200,000
專利使用費	60,000	120,000	240,000	240,000	240,000
其他	3,000	-	-	-	-
總營運費用 $	3,937,687	6,446,146	9,583,510	15,044,376	20,037,464
營運收入 $	(2,188,357)	239,819	13,493,390	33,798,824	44,625,336
利息費用	-	-	108,000	144,000	96,000
其他收入	-	-	-	-	-
稅前收入 $	(2,188,357)	239,819	13,385,390	33,654,824	44,556,336
所得稅	-	47,964	2,677,078	6,730,965	8,911,267
淨收入 $	(2,188,357)	191,855	10,708,312	26,923,860	35,645,069

3.4.2 資產負債預估表

與損益預估表相似，創業者還需要編製一份合理化的資產負債預估表，資產負債預估表用以描述初創企業在未來各經營年份的資產、負債和所有者權益方面的資訊。資產負債表的數據需要與損益預估表的數據邏輯保持一致。

在企業經營過程中，任何經營業務都會導致企業資產和負債關係的新平衡。但是考慮到報表的編製成本與必要性，資產負債表通常會按照一定的時間間隔分期編製，諸如每月月末或年末，以便反映出企業在特定時間點（月末或年末）的資產負債狀況。資產負債表一般包括資產、負債、所有者權益共計三個部分資訊構成：

資產　指企業所擁有或控制能用於的貨幣計量，並帶來經濟利益的經濟資源。資產分為流動資產和固定資產。固定資產包括使用期限超過一年的房屋、建築物、機器、設備、運輸工具及其它與生產、經營有關的設施和工具等。流動資產則指在短期內可以變現或者被企業經營所消耗的資產，主要包括現金、銀行存款、短期投資、應收和預付款項、存貨等。

負債　指由於企業過去的交易或事項所引起的現有債務，企業需要在未來通過轉移資產或提供勞務的方式來清償，這也將導致未來經濟利益的流出。負債則分為流動負債和長期負債兩種。長期負債指償還期限超過一年的債務，如長期借款、應付債券、長期應付款等。流動負債指一般在短期內需要償還的債務，主要包括短期借款、應付票據、應付賬款、預收貨款、應付工資、應交税金、應付利潤、其它應付款等。

所有者權益　指企業所有者對企業淨資產的權益。淨資產等於企業全部資產減去全部負債後的餘額，可以説企業的所有者權益反映了企業的淨價值。所有者權益可進一步劃分為資本公積和留存收益。資本公積是所有者在企業註冊資本範圍內實際投入的那部分資本金額。留存收益是通過企業經營利潤轉化所形成的權益部分，主要包括法定盈餘公積、任意盈餘公積和未分配利潤等。

在資產負債表中，任何企業在任何時刻的總資產一定等於總負債和所有者權益之總和。以下為某公司未來五年內的資產負債預估表示例：

表 3-7　某公司 20X5-20X9 年資產負債預估表　（貨幣單位：$）

年度		20X5	20X6	20X7	20x8	20X9
資產	**流動資產：**					
	現金	302,900	15,184	8,728,066	33,002,081	65,523,334
	應收賬款	22,770	198,000	1,158,300	2,744,000	3,528,000
	庫存	212,330	233,695	112,595	151,795	45,595
	保證金	56,500	56,500	56,500	56,500	56,500
	其它流動資產					
	總流動資產	594,500	503,379	10,055,461	35,954,376	69,153,429
	固定資產：					
	房產和設備	1,025,000	1,575,000	5,125,000	7,675,000	11,425,000
	扣除：累計折舊	-97,857	-274,881	-808,651	-1,823,707	-3,447,691
	總固定資產	927,143	1,300,119	4,316,349	5,851,293	7,977,309
	無形資產	350,000	350,000	350,000	350,000	350,000
	總資產	1,871,643	2,153,498	14,721,810	42,155,670	77,480,738
負債	**流動負債：**					
	應付賬款	60,000	150,000	510,000	1,020,000	1,200,000
	信貸					
	其它流動負債					
	總流動負債	60,000	150,000	510,000	1,020,000	1,200,000
	長期負債：					
	貸款					
	抵押貸款			1,500,000	1,500,000	1,000,000
	其它非流動負債					
	總長期負債			1,500,000	1,500,000	1,000,000
	總負債	60,000	150,000	2,010,000	2,520,000	2,200,000
權益	資本公積	4,000,000	4,000,000	4,000,000	4,000,000	4,000,000
	盈餘公積	2,188,357	-1,996,502	8,711,810	35,635,670	71,280,738
	總權益	1,811,643	2,003,498	12,711,810	39,635,670	75,280,738
總負債和權益		1,871,643	2,153,498	14,721,810	42,155,670	77,480,738

3.4.3 現金流量預估表

創業者必須理解現金流量並不等同於利潤。因為利潤是從銷售收入中扣除成本與費用後的餘額，而現金流量是一段時間內現金流入與現金流出之間的差額。現金數額的變化反映了初創企業實際的業務償付行為。銷售收入的增加並不等同於現金的流入，因為企業有些銷售收入可能是應計而未實際收到的。因此銷售收入並不總能夠等同可拿到手的現金。另一方面，企業賒購的原材料雖然屬於銷售成本會以此減少利潤，但企業若當時未支付款項，則現金從實際角度觀察也沒有出現任何變化。再諸如企業歸還銀行貸款等行為並不屬於經營性支出，因而也不會影響利潤數額，但歸還貸款行為卻會減少現金數額。而資產的折舊雖然導致了利潤的減少，但折舊不會影響現金流的任何變化。

由此可見，現金流量餘額和利潤餘額在同一時期也並不會一一對應，甚至還可能呈現出相反的趨勢。一家盈利的公司也可能因為現金流的中斷而導致破產，這樣的例子在現實的企業案例中並不鮮見。如果創業者僅用利潤的多少來衡量初創企業的成功與否，將會陷入一個嚴重的誤區。因此，現金流量的變化情況是每一位創業者都必須認真對待的。

創業者應該像對待企業利潤一樣重視現金流量，在創業者預估未來現金流餘額的變化情況時，如果顯示現金流餘額在未來某個時刻接近或小於零，這代表了企業現金流可能已經接近枯竭，也意味着企業可能面臨破產風險。所以創業者需要提前準備新的融資計劃以彌補未來現金流的短缺可能，創業者需要重新制定銷售和成本計劃以加快現金流入和減少現金支出，以確保在正常運營狀態下初創企業都可以保持現金流入大於支出。

在實際經營過程中，創業者定期修正現金流預估值以保證其準確性是非常必要的。為了防止初創企業陷入潛在的現金流危機，創業者應該提前做好應對未來各類突發情況的假設，每一種假設情境代表了不同的經營狀況，事實上，這種評估方式不僅適用於現金流量的預估，也對損益預估和資產負債預估非常有用。以下為某公司未來 5 年內現金流量預估的示例：

表 3-8　某公司 20X5-20X9 年現金流量預估表　　　　(貨幣單位：$)

	20X5 年	20X6 年	20X7 年	20X8 年	20X9 年
期初現金餘額	100,000	10,000	34,200	8,000	44,200
現金流入					
本期銷售現金	50,000	104,000	76,000	88,000	200,000
上期銷售現金	0	40,000	26,000	19,000	22,000
其它現金來源	5,000	16,000	5,000	5,000	4,000
現金流入量總計	55,000	160,000	107,000	112,000	226,000
現金流出					
應付款支付	0	100,000	65,000	45,000	55,000
其它營業成本	25,000	26,000	19,000	22,000	50,000
資本支出	120,000	0	41,150	0	0
稅款	0	6,500	4,750	5,500	12,500
利息	0	3,000	3,000	3,000	3,000
股利	0	300	300	300	300
現金流出量總計	145,000	135,800	133,200	75,800	120,800
期末現金餘額	10,000	34,200	8,000	44,200	149,400

3.4.4 盈虧平衡分析

創業者建立初創企業的核心目標是實現盈利。如果在企業初創階段就能預測出何時能夠盈利，將會對創業者的決策大有裨益。創業者需要考慮在實施生產和銷售後應該達到多大的生產和銷售規模，還需要思考如何合理設置單位產品的價格。做好盈虧平衡的分析，對於創業者而言是一個極其有用的方法。

我們可以視做一家企業的成本結構是由固定成本和變動成本兩部分共同組成的。在理想情況下，無論企業的生產規模如何變化，總會導致部分成本在一定範圍內保持不變，這部分成本被稱為固定成本；而另一部分成本會隨着生產規模的增減而變化，這部分成本被稱為變動成本。盈虧平衡的銷售額指明了企業為支付所有固定成本和變動成本所需的銷售規模應該達到多少。初創企業在定價時只需要確保產品銷售價格高於單位可變成本就使盈利成為可能。一旦企業的產品銷售量超過了下圖所示的盈虧平衡點，企業便可以開始盈利。盈虧平衡點的示意圖如下：

圖 3-2　企業盈虧平衡分析

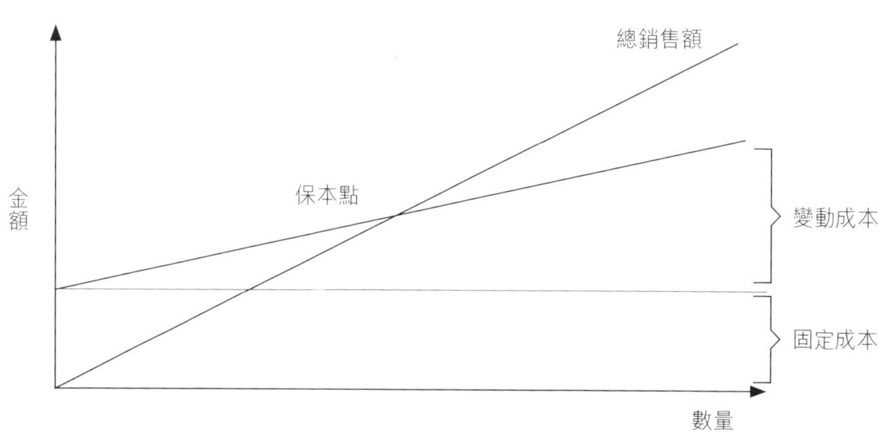

從分析圖可以看出，在盈虧保本點上的銷售額等於所有變動成本與固定成本之總和。由此可以進一步推出保本點產品數量的相關公式：

盈虧保本點銷售金額 = 變動成本 + 固定成本

可以推出：

單位銷售價格 × 保本點銷售數量 = 單位可變成本 × 保本點銷售數量 + 固定成本

保本點銷售數量 = 固定成本 /（單位銷售價格 - 單位可變成本）

則：保本點銷售金額 = 保本點銷售數量 × 單位銷售價格

如果公司希望獲得一定的預期利潤額度，則公式可以進一步擴展為：

預期銷售金額 = 變動成本 + 固定成本 + 預期利潤

可以推出：

單位銷售價格 × 銷售數量 = 單位可變成本 × 銷售數量 + 固定成本 + 預期利潤

預期銷售數量 =（固定成本 + 預期利潤）/（單位銷售價格 - 單位可變成本）

則：預期銷售金額 = 預期銷售數量 × 單位銷售價格

例題分析

如果某家初創企業的固定成本為 250,000 美元，單位可變成本為 4.50 美元，產品銷售價格為 10 美元，那麼該公司的盈虧平衡點是多少？在此點的銷售總金額是多少？如果公司希望預期獲得 300,000 美元的利潤，公司應該銷售多少單位的產品？完成 300,000 美元利潤的銷售總金額是多少？

保本點銷售數量 = 固定成本 /（單位銷售價格 - 單位可變成本）

=250,000 美元 /（10 美元 -4.5 美元）

=250,000/5.5

=45,454（單位）

保本點銷售金額 = 保本數量 × 單位銷售價格 =45,454×10 美元 =454,540 美元

如果公司預期獲得 300,000 美元利潤，則：

預期銷售數量 =（固定成本 + 預期利潤）/（單位銷售價格 - 單位可變成本）

= (250,000 美元 +300,000 美元)/（10 美元 -4.5 美元）

= 550,000/5.5

=100,000（單位）

預期銷售金額 = 預期銷售數量 × 單位銷售價格 =100,000×10 美元 =1,000,000 美元

3.4.5 財務計劃具體描述

創業者在商業計劃書中需要對企業的財務計劃進行具體描述，計劃包括是否可以產生利潤，以及對企業可持續性發展而進行的預算支持與描述，同時財務計劃對於公司的資產負債情況、現金流變化情況、成本構成與保本點情況，都需要通過合理的策略給予描述。具體描述項目如下所示：

（1）毛利潤與淨利潤

- 描述創業者計劃在競爭市場中需要出售的每件產品或服務的毛利潤（即出售價格減去銷售成本）與淨利潤的大小。

（2）盈利潛力與可持續性

- 通過參考適當的行業基準點、其它的競爭資訊、或者創業者自身的相關經驗，描述初創企業在一定時期中將會產生多少預期可持續性的利潤流，包括對於稅前利潤與稅後利潤的分別分析。
- 如果創業者可以預測出利潤的可持續性或者不可持續性，並可以給出預測理由，則需要說明為甚麼創業者的利潤是可持續的或者不可持續的。例如，如果需要證明利潤的可持續性，那就需要說明創業者是否可以創造出進入市場的障礙，導致市場較低的競爭狀態，創業者的技術是否具有創新之處等等。

（3）固定成本、可變成本與保本點

- 需要為創業者的產品購買量與銷售量提供一份詳細的關於固定成本和可變成本的總結，並且需要描述在不同可能情境下的保本點數量與金額。
- 給出相關行業的基準點。

（4）收支持平所需的月份

- 在創業者制定出既定的市場進入計劃、行銷計劃、融資計劃的前提下，需要説明要用多長時間才能夠達到收支平衡的企業保本點。

- 需要指出隨着初創企業的發展與生產力水平的不斷提高，可能會出現的任何重大的階梯式改變。

（5）達到正現金淨流量所需要的月份

- 在上述策略和架設的前提下，説明初創企業何時能夠達到正現金淨流量。
- 預測企業是否在未來會發生現金不足的情況，何時會發生？是否能夠找到可能發生的時間點並給予註明。
- 指出隨着初創企業的發展和生產力的不斷提高，在現金流量方面可能會出現哪些重大的階梯式改變。

第 4 章

創新：創業的起點和過程

學習目標

通過對本篇的學習，您將了解到：

1、理解創新是創業的開始，創業是創新的過程。

2、創業者如何為自己的初創企業繪製創新的藍圖？

3、創業者需要如何實現科學而有效的創新，用來增強創業的競爭力？

4、創業者應該怎樣為自己的企業提升創新能力？

5、創新文化的特徵包括哪些？初創企業如何形成創新文化？

4.1 創新是創業的靈魂

引入案例

「三隻松鼠」的創始人章燎原憑藉對行業的熱愛和一份 PPT，成功地吸引了首筆風險投資並創立了「三隻松鼠」品牌，同時成為了農業產品行業融資的先驅。在章燎原的創業初期，公司對傳統的農業產品和食品進行了大膽的商業模式改革。將品牌定位為「互聯網顧客體驗的第一品牌」，通過線上購物與線下體驗相結合的方式，建立了完整的互聯網電商平台與線下體驗店，同時企業確保以最快的速度將新鮮零食送達到消費者的手中。

章燎原的創新還體現在了對產品和服務品質的不斷提升方面。公司通過數字化供應鏈平台完成了縱向戰略的整合，實現了全產業鏈的信息化與數字化。強大的研發團隊申請了多項專利以推動行業技術與產品的創新，同時深入地探索並引領消費者不斷提升新的需求。

在品牌與服務方面，公司創造了松鼠萌寵可愛的形象和親切的客服模式，為消費者提供了個性化的主張和體驗，迅速獲得了消費者的認同和喜愛。「三隻松鼠」目前已經成為了中國一個廣為人知的品牌，也從多年前的一個小型創業公司成長為中國零食的行業領軍者之一。

成功的創業與創新是密不可分的。在創業的道路上，創新一直是一個永恆的主題。創業者不僅需要始終懷揣着創業的夢想，更需要擁有着創新的激情。創業者需要時刻思考在創業的道路上如何能夠帶來新的變革，並在未將來這些變革轉化為實際的行動。

我們生活在一個劇烈變革的時代，諸如 AI 技術、大數據資料、區塊鏈技術、計算能力等科技與信息技術的革命正在領導着世界的變革。麥肯錫研究院在 2013 年發佈的一份報告中公佈了 12 項可能顛覆商業、社會、經濟的顛覆性技術。這些技術包括移動互聯網、工作智能化、物聯網、雲計算、機器人技術、自動駕駛汽車、下一代基因組、能源存儲、3D 打印、高級材料、高級油氣勘探和採集技術、可再生能源等。

時至今日，我們驚訝地發現這些技術已經完全滲透到商業、社會和經濟的各個領域當中。許多技術已經成為我們生活和工作中不可或缺的一部分。這些技術創新不僅改變了我們的生活方式，更好地滿足了我們的價值觀和偏好，而且技術創新徹底顛覆了傳統的商業模式，使得我們能夠用更少的人力和能源創造出更大的價值。它們還重構了市場和行業的利潤結構，使得不同行業間的邊界變得愈來愈模糊，許多傳統型企業將日益面臨着新技術帶來的淘汰，而創新化科技帶來的成功在短時間內將會得以實現。

任何成功都並非永恆不變的。在複雜多變的市場競爭環境中取得初步成功或許不難，但初創企業想要保持這份成功卻極具挑戰性。因為市場動態和消費者的價值觀與偏好一旦發生了變化，企業那些一度輝煌的成就可能很快就會變得過時。但是如果創業者能夠憑藉卓越的判斷力和前瞻性的創造力，及時調整業務以適應市場和消費者的需求，那麼新的創新機會也會隨之而來。此時，創業者的判斷力與創造力主要體現在如何建立並實施創新策略以超越市場的競爭對手。

事實上，超過 80% 的初創企業在成立的前兩年內就失敗了，原因之一就是許多創業者並未真正掌握正確的創新方法來戰勝競爭對手。即便一名成功的創業者和其企業能夠通過創新思維打破常規，但在形成創意、制定解決方案時，許多組織成員甚至是創業者本人仍然可能對偏離標準的運作流程持抵觸的態度。所以創業者要實現真正的突破是非常困難的。創業者和團隊成員需要真正地運用創意和實驗精神來開拓市場，企業只有不斷挖掘消費者的潛在需求、激發突破性的創意，才能夠通過科學的創新方法將其應用於實際的創業過程中。

中國古語道「天時地利人和」生動地描繪了取得成功的前提條件，強調了成功並非偶然。在創業過程中，創業者必須選擇恰當的時機來推動創新，確保從創新角度出發的創業過程能夠贏得消費者的青睞，並獲取豐厚的利潤。初創企業如果缺乏市場推動力而盲目引入創新，創業者很可能會面臨失敗的局面。

4.2 繪製創新的框架

「創新」是一個含義廣泛的概念，它通常帶有着積極一面的含義。然而在現實世界中，僅僅討論創新本身是缺乏實際意義的。因此，創業者的首要任務是要具體化創新的範圍並細化創新的領域。

許多人可能會認為只有重大的技術突破才能被視為創新，正如前文所提到的 12 項重大技術創新一樣。但實際上，許多創新可能並不那麼明顯。如果創業者僅僅將技術創新視為創新的全部，那他們可能就會錯過大多數的創新機會。

那麼，我們究竟應該如何界定創新的範圍並細化創新的領域呢？首先，創新行為通常可以被劃分為技術創新和管理創新兩大類，詳細解釋如下。

技術創新　涉及到從簡單到複雜的各種工藝創新，關注點包括：技術的設計、創新的過程和系統的分配。技術創新通常指首次引入新產品或新工藝時所涉及的技術、設計、生產、財務、管理和市場等環節。例如，一項發明本身就是技術創新的一種形式，而這項發明又往往需要投入一定金額的研發成本。

管理創新　是一種新興的管理思想，涵蓋了組織內的各種活動形式。管理創新被視為組織經營層次上的創新輻射，重心點在於對管理活動本身的改造，並可以定義為引入新的管理方式和方法，如商業模式創新、制度創新、觀念創新和戰略創新等。

下圖簡要地對比了兩種不同的創新行為：

圖 4-1 技術創新與管理創新的簡要對比

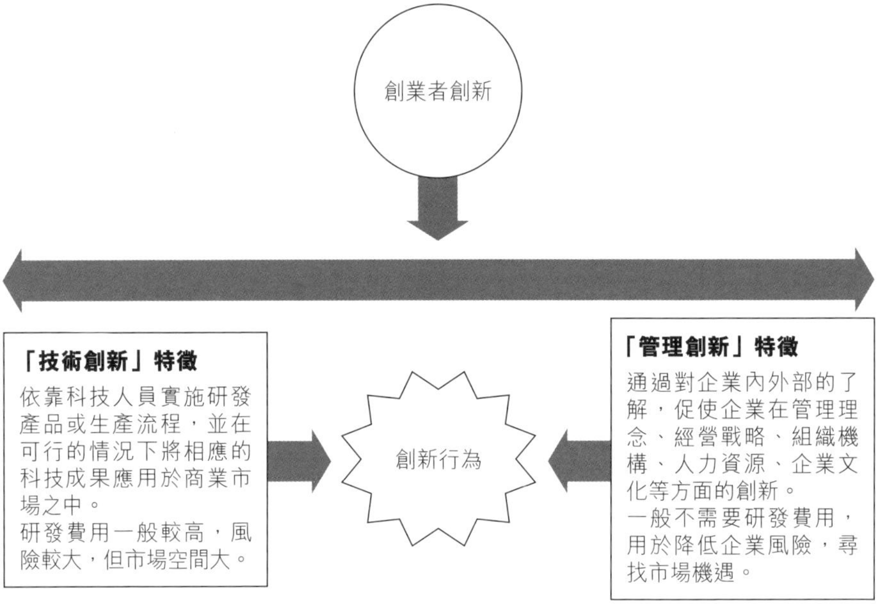

創業者創新

「技術創新」特徵
依靠科技人員實施研發產品或生產流程，並在可行的情況下將相應的科技成果應用於商業市場之中。
研發費用一般較高，風險較大，但市場空間大。

創新行為

「管理創新」特徵
通過對企業內外部的了解，促使企業在管理理念、經營戰略、組織機構、人力資源、企業文化等方面的創新。
一般不需要研發費用，用於降低企業風險，尋找市場機遇。

通過對技術創新和管理創新含義的對比，創業者可以更精確地定義創新的不同形式。從技術角度來看，創業者需要考慮，特定的創新是否應該基於企業現有的技術能力進行持續的升級和改進，還是需要開發一種全新的技術能力。例如，一家軟體發展商需要思考的問題是，相較於硬體的不斷創新，軟體發展商是否應該依靠自己的傳統能力對現有軟體進行升級，或者應該考慮開發一款能夠適應甚至超越當前硬體標準的創新型軟體。

從管理的角度來看，商業模式的創新對企業在行業市場中的競爭尤為關鍵。參照技術創新的採用漸進化或者突破化的邏輯，創業者從商業模式的角度出發也可以進一步地思考。例如，管理創新是應該基於創業者現有的商業模式（如單純的產品銷售）漸進化進行，還是需要創業者掌握一種全新的突破化商業模式（如提供綜合解決方案的服務）呢？

儘管創新每項的維度都存在着一定的連續性，但根據加里・皮薩諾（Gary Pisano）的研究結論，我們可以繪製出一個包含四種不同特徵的創新行為框架：

圖 4-2　四種不同特徵的創新行為框架

管理創新	利用現有技術	利用新技術
新商業模式	**顛覆型創新**	**結構型創新**
現有商業模式	**漸進型創新**	**突破型創新**

技術創新

通過創新框架圖，我們可以將創新分為技術能力（技術創新）和商業模式（管理創新）兩個維度，進而形成四種不同的創新行為方式：漸進型創新、突破型創新、顛覆型創新和結構型創新。以下分別對這四種創新方式加以詳細描述：

（1）漸進型創新

漸進型創新通常是基於企業現有的技術基礎和能力，並結合現行的商業模式對相關技術進行的升級和改進。這種創新是在現有能力的範圍內進行的，例如，空客和波音公司對新型客運飛機的持續性研發升級；蘋果公司對 iPhone 和 iOS 操作系統的迭代更新；微軟對 Windows 操作系統的不斷改進等。這類創新依賴於現有的技術能力和商業模式，是行業中最常見的一種創新。

漸進型創新的特點是創新強度較低，創新因為能夠適應市場的需求，所以為企業提供了相對安全的消費者保障。而技術方面的逐步升級和改進也容易被現有的消費者所逐漸接受。在行業競爭力不強或技術壁壘較高的情況下，企業可以通過漸進型創新持續地對產品或服務進行升級，以便提升顧客的體驗度，保持顧客的忠誠度，從而為創業者獲得長期的可持續利潤。

然而，漸進型創新也有其局限性，主要表現在創新強度的不足可能導致競爭力的低下。如果創業者所在的行業內競爭對手眾多而初創企業的自身實力不足，漸進型創新可能會因為創新性不足或者行業技術壁壘較低而迅速被市場淘汰。局限性的另一方面表現為漸進型創新的改進可能與顧客需求不完全形成對應，這樣容易造成某些功能的「過度滿足」，也可以解釋為顧客對這些功能的進一步改進並不關心導致了創新資源的浪費。例如，許多軟體不斷增加新的功能，導致軟體體積增大、運行速度減慢，但使用者主要使用的仍是軟體的核心功能。再例如，一些高端汽車提供的手勢控制功能可能因識別不敏感或易誤判而使用不便，於是被消費者形容為沒有任何意義的功能。總結來說，漸進型創新是對現有產品功能和屬性的細微改進，對公司的技術能力和資源配置要求相對較低。

(2) 突破型創新

突破型創新屬於一種技術型的挑戰，它建立在全新的科學技術原理之上，推動產品的更新，運用新產品大規模替代現有產品。這類創新經常體現在開闢新市場和潛在的應用領域方面，並可能引起整個行業的劇變。例如，2007 年，美國蘋果公司發佈的第一代 iPhone 作為了智能手機的代表，不僅推動了蘋果公司產品規模的迅猛增長，同時還引領了手機行業的革命性變革。儘管 iPhone 的出現並未顯著地改變手機行業的商業模式，但是其技術的突破無疑重塑了手機市場格局。再例如，隨着智能化自動駕駛汽車的研發和商業化，儘管仍然遵循着傳統汽車行業的商業模式，但由於集成了高度先進的智能化駕駛技術，因而業內人士預計智能化自動汽車將徹底改變傳統汽車市場的格局。

突破型創新具有高技術含量，它雖通常沿用現有商業模式然而卻改變了行業的科技和技術的結構，創新通過重大的技術進步，迅速取代了傳統意義上的漸進式改進和升級。消費者可能在極短時間內需要放棄舊產品或者漸進改變的新產品，轉而採用基於最新技術結構的突破型新產品，這些產品能夠憑藉其科技與技術的優越性迅速佔領市場，從而擊敗其競爭對手。

然而，突破型創新也有明顯的不足，主要體現在於研發、生產、市場等方面的高風險性。從研發的角度來看，企業發明新技術或者新產品往往需要巨額的研發費用，並且成功率不高，研發存在着高度的不確定性，並可能導致巨額研發投入的最終失敗。在生產方面，新技術將會對現有的人力、設備、財力等企業資源提出新的要求，企業必須考慮到這些資源是否能滿足新技術新產品的需求。如果企業現有的資源無法達到或者適應新的需求，則突破型創新很可能會失敗。從市場方面考慮，新技術和新產品可能難以立即激發起消費者的需求和接受度。如果消費者需求尚未能達到企業預估的相應科技與應用水平，則企業急於推向市場的產品很可能會因為新產品價格或者功能複雜等因素被消費者拒絕，從而導致銷售成績不佳。

例如，黑莓的 Storm 智能手機是新興的觸控式屏幕智能手機中的新一代產品。儘管最初受到了消費者的熱烈歡迎，但是因技術缺陷和軟體漏洞，Storm 很快遭遇了失敗。許多用戶投訴 Storm 觸控式屏幕失靈和頻繁崩潰的問題，導致產品被大量退貨，最終黑莓在同年晚些時候停止了這款手機的銷售。再例如，蘋果公司曾推出 Mac G4 Cube 電腦，這款電腦是蘋果公司在設計上的大膽嘗試，其透明立方體主機殼和高端配置在當時是非常引人注目的，但是由於高昂的價格和散熱問題，Mac G4 Cube 並未獲得市場青睞，最終在 2001 年停產。

（3）顛覆型創新

也可以稱為破壞性創新，是哈佛商學院的克萊頓・克里斯滕森（Clayton Christensen）教授在其 1997 年的專著《創新者的窘境》中首先提出的術語。這種創新要求創業者採用全新的商業模式以打破現有市場的競爭格局，從而推動市場形成一種全新的商業模式。

顛覆型創新並不側重於技術型突破，而是可能挑戰和顛覆傳統的商業模式。例如，秉持顛覆型創新理念的創業者會認為，如果消費者已經擁有了一個功能完備的剃鬚刀後，他們是否還需要購買更多刀頭的剃鬚刀呢？顯然不會，因為他們在滿足其使用功能的基礎上完全可能更關注其它因素，如促銷活動、品質、便攜性等。創新也可以通過生產簡單的、自我滿意的、易於操作的產品來吸引那些只有基礎需求的消費者，將昂貴或複雜的商業模式轉變為簡單或大眾化的商業模式，顛覆型創新實現了一種對以往商業模式的「破壞」作用。

以 2007 年蘋果公司推出 iPhone 為例，儘管公司這一產品對於手機市場實施了突破性的創新，但是諾基亞公司傳統的塞班系統當時仍佔據 48.8% 的手機市場份額，諾基亞並未立即受到明顯的影響。但當 2008 年 Google 公司推出了免費的安卓操作系統後，在短短四年時間內，手機行業市場格局發生了巨變，安卓手機市場份額飆升至 74.4%，蘋果 iOS 操作系統手機佔據其餘份額，而諾基亞的塞班系統手機萎縮至僅僅 0.6%，市場格局的巨變導致了諾基亞手機也基本退出了市場。這一變化正是由於安卓操作系統對蘋果和諾基亞等公司進行了顛覆性創新的競爭舉措所造成的。創新的關鍵在於安卓系統的免費性和易用性，徹底改變了以往操作系統的商業模式，挑戰並破壞了其它公司的傳統商業模式。

這種商業模式的創新通常會以更低的成本、更便捷的服務提供產品或服務，逐漸吸引消費者，並最終取代競爭對手，以顛覆商業模式的方式改變一個行業。但這種商業模式創新通常需要在一種成熟的市場環境下由高素質專家來指導完成。這是因為顛覆性創新的技術壁壘一般較低，它可能在一段時間內可以超越或者取代現有的競爭者，但是企業打造的全新商業模式也可能會被其他現存或潛在競爭者所模仿。

（4）結構型創新

結構型創新是一種理論上最難實現的創新形式，因為它結合了重大的技術創新和商業模式創新，要求企業在技術和管理兩個維度上都需要實現重大突破和變革。這種創新通常會伴隨着高不確定性和高風險。然而，隨着高科技技術的發展，尤其是隨着互聯網和人工智能相關應用與產品的興起，人們對科技領域重大技術突破和應用的接受度愈來愈廣泛，對商業模式變化的接受度也在提高，使得結構型創新在當代變得愈來愈普遍。

在結構型創新領域中，具有前瞻性的一種創新形式被稱為「大爆炸式創新」。這一術語由拉里・唐斯（Larry Downes）和保羅・紐恩斯（Paul F. Nunes）在他們 2012 年合著的《大爆炸式創新》中提出。他們認為現代的創新技術已經今非昔比，突破性技術能夠迅速更新並替換現有的商業模式，甚至創新可能會瞬間取代那些看似龐大且已有所成就的行業競爭者。如果某項突破性新技術或服務在創造之初就已經具備了高性價比的特徵，它很可能在很短時間內就成為消費者的熱門選擇。

大爆炸式創新將會受到新技術的驅動，例如大數據資料、雲計算、大容量移動設備等。正是由於創新採用了這些新技術，這將導致企業的產品創造和試驗的成本大幅度降低。低成本的技術驅動使大爆炸式創新能夠一次性地關注更高品質的產品或者服務，使企業通過更低的銷售價格更好地滿足顧客的需求，實施大爆炸式創新的企業可以將實際用戶視為合作夥伴並以此來改變市場的規則。如果創新成功就足以顛覆整個行業的商業模式。

一般而言，大爆炸創新週期被分為四個階段：奇點階段、大爆炸階段、大擠壓階段、熵階段。體現在以科技為主的創新可能會在短時期內獲得快速地市場佔領機會，但這種佔領如果不能夠繼續更新與升級，則也有可能會隨着行業科技的高速發展而很快消退。例如，免費的手機地圖導航工具是大爆炸式創新的一個絕佳案例。在短短一年半的時間內，隨着智能手機的普及化，導航工具徹底淘汰了過去汽車駕駛員需要花費數千元購買

圖 4-3　大爆炸創新週期示意圖

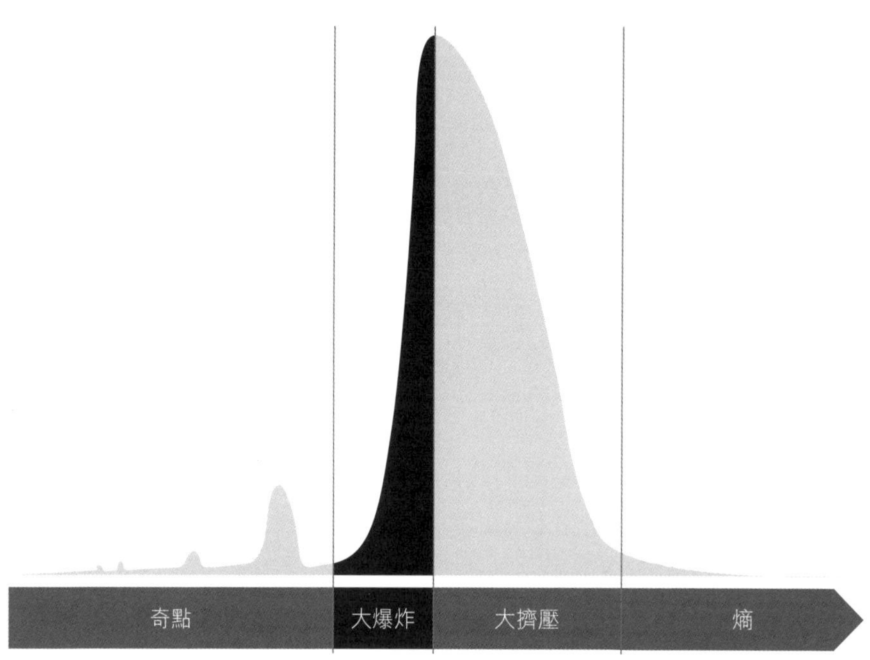

圖 4-4　改進後的大爆炸創新週期模型

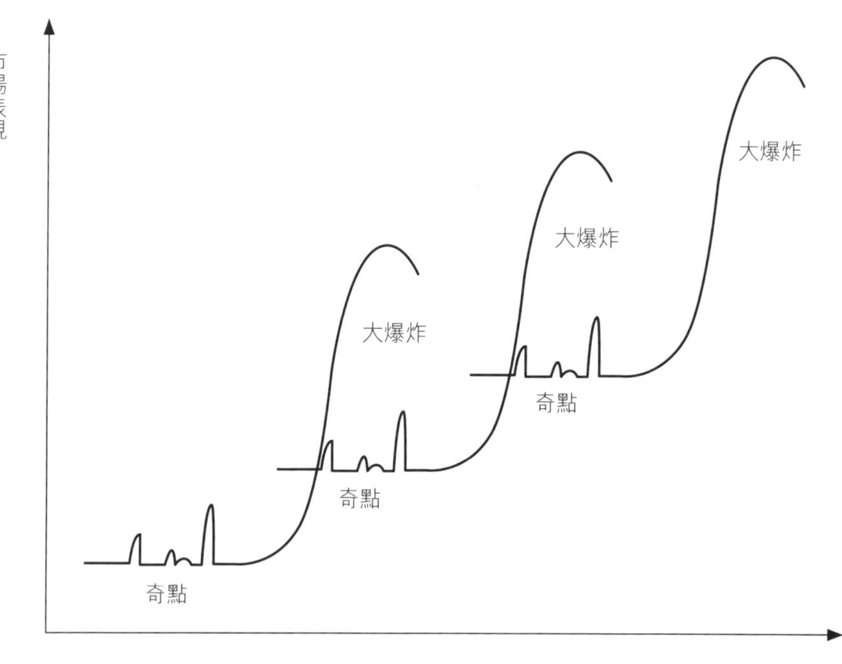

的車載定位系統。免費的手機地圖導航不僅能讓駕駛員迅速、即時地獲取路況資訊，而且在準確性和效果上往往會更勝一籌，但是，隨着 AI 智能型汽車的普及和無圖（NOA）導航技術的發展，手機地圖導航又將面臨新一輪被淘汰的挑戰。而本行業的商業模式與科技技術一直在快速進行着迭代變化與創新。

對於初創企業來說，如果能利用互聯網、大數據資料、高速計算能力、人工智能（AI）、數字科技等高新技術以及低成本的優勢快速地推行某項技術創新，就可能從「奇點」出發形成新的迭代發展，創業者同時可以建立一種新的商業模式，通過技術和商業模式的混合創新選擇合適的創新時機，快速佔領整個行業市場並非遙不可及的夢想。

這種創新方式需要持續保持與改進。如果企業不能在此基礎上對產品持續性地創新，市場可能會在短期內迅速達到飽和，隨後市場佔有率可能會快速下降而導致創新業務的快速衰退。

面對可能的市場萎靡，初創企業應該採取以下的策略以維持其競爭力和市場地位：

- **不斷顛覆自我模式：**企業需要勇於挑戰現有的成功商業模式，通過不斷的自我革新來適應市場的變化和消費者需求的演進。
- **建立開放式科技創新平台：**企業可以通過構建開放的創新平台來匯聚內外部的創意和資源以促進跨界合作，加速新技術的研發和應用。
- **不斷提升學習型組織水平：**培養組織內成員的學習能力和適應性，使企業能夠快速回應外部的變化，持續優化和升級其運營模式。

通過以上這些措施，企業可以敏鋭地識別並快速適應即將到來的產業變革期，並且重新構建創新的新週期。隨着時間的推移，企業將能夠多次啟動新一輪次的大爆炸創新，將有效的資源和能量引入到新的「奇點」階段，為企業的長遠發展奠定基礎，以期獲得更好的市場表現。

4.3 企業如何選擇創新

在創業的旅程中，創新始終是推動企業前進的核心動力。無論是漸進型、突破型、結構型還是顛覆型創新，它們的根本目的都是解決消費者的「痛點」並創造出新的價值。創業者如何去選擇適合的創新類型，關鍵在於其能否有效地滿足消費者未被滿足的需求和慾望。

總結而言，每種創新方式都有其獨特的特點和解決問題的傾向：

- **漸進型創新**：通常是對現有產品或服務的持續改進，它為消費者提供更加完善和精細化的解決方案。
- **突破型創新**：往往專注於產品技術的重大飛躍，解決消費者在使用現有產品時遇到的技術性「痛點」。
- **結構型創新**：結合了重大的技術和商業模式創新，旨在通過根本性的變革來重塑行業格局。
- **顛覆型創新**：通過改變商業模式來滿足消費者的需求和慾望，通常以更低的成本提供價值，從而吸引新的消費者群體。

創業者需要根據市場狀況、自身資源和能力以及消費者的具體需求來選擇最合適的創新路徑。通過建立一個多元化的創新組合，企業可以覆蓋更廣泛的市場需求，在增強自身的競爭力的同時，還需要在不斷變化的市場環境中保持領先地位。

4.3.1 來自於技術創新的角度分析

幾乎在任何行業都存在着技術範式，例如，產品關鍵技術、材料技術、研發技術、技術配置等，同時這些技術也是建立行業壁壘的有力保障，高度的行業技術壁壘會最大化減少潛在競爭者的湧入，從而減少行業的競爭性。技術創新主要表現在對現有技術的優化和改善，在某種必要條件下，還會出現一種新技術完全取代現有技術的可能性。

漸進型創新和顛覆型創新更願意守住現有技術的基礎核心，創新更強調在現有的範式下實施改進與升級，而突破型創新和結構型創新則更傾向於探索未知的新技術。這兩種不同的創新組合方式可以分別表現為平穩的演變與根本的創造之間的選擇。事實上，大多數的技術進步都是通過前者的創新方式來實現的，甚至這個過程可能持續數十年，例如，過去數十年以來，人們一直關心的是汽車在壓縮比、氣缸配置、排量等技術方面的因素，藉由技術等方面的改進，汽車廠商對內燃機的改進幾乎成為了汽車行業唯一的動力技術標準。但是社會的進步根源來源於新技術所帶來的新機會，所以當大多數的企業依然在為汽車內燃機技術苦苦改進的時候，一種新的汽車行業技術可能會摧毀過去整個汽車行業，電氣化汽車的出現從根本上打破了原有的以燃油機為核心的技術壁壘，這種技術轉變發生時所產生的巨大影響已經徹底改變了我們日常生活的各個方面。以中國為例，短短幾年時間，電動化汽車普及率已經佔據了汽車市場接近一半的市場份額。

我們可以繼續設想，目前半導體行業一直處在一個技術主導的範式之下，那就是半導體晶片一直通過提高電子通過電路的速率將蝕刻的電路做得愈發緊密，技術工程師在不斷地突破所謂的物理極限，同時他們還需要解決散熱的問題。雖然晶片製造商依舊在努力創造各種改進技術以規避晶片的極限，然而，晶片封裝的緊密程度一定存在最終的物理限制，於是這種持續改進愈來愈困難，最小化的物理空間最終將無法改變。可以說漸進型創新基本已經走到了盡頭，那麼可以想像一下能否通過一種突破性的新技術來徹底替代現有的晶片技術呢？如果這種替代方案出現，相信將會對科技甚至對整個人類文明的發展帶來極為深遠的意義。

4.3.2 商業模式創新角度分析

人們往往很容易察覺到由新技術帶來的創新，但商業模式的變革卻常被人們所忽視。儘管許多企業公開強調他們重視管理和商業策略，但商業模式的選擇和實施往往不是顯而易見的。時至今日，商業模式的創新正持續地重塑社會和經濟的結構，商業模式創新的重要性來自於它對企業核心活動的影響。其影響力有時甚至超越了技術創新。商業模式創新的一個典型例子是電子數字化商業平台在社會上的建立與普遍化，它通過連接不同的市場參與者和消費者，創造了新的價值和分配方式。

商業模式創新能夠為企業帶來競爭優勢，以便幫助企業在快速變化的市場環境中生存和發展。通過不斷地探索和實施新的商業模式，企業可以更好地滿足消費者的需求，提高運營效率並創造新的市場機會。新商業模式的基本任務首先是收集和獲取必要的資源，然後將這些資源重新合理地分配和轉化為具備競爭力的商品和服務的模式，以最大化企業產品的商業價值，最後將商業價值所得利益分配給曾經提供資源的人員或者組織。如下圖所示。

圖 4-5　建立新商業模式框架過程

資源	**價值創造**	**價值獲取**	**價值分配**
人員、財務、設備、資訊、品牌等	產品、服務、智慧財產權等	銷售、租賃、訂閱、特許經營等	股息、增值、股票價格、收購等

顛覆型創新和結構型創新特別強調新商業模式的變革。以網約車的服務為例，其與傳統計程車行業的主要區別在於商業模式的不同。儘管網約車和傳統計程車在汽車類型和功能上可能極為相似，但網約車的業務對傳統計程車行業產生了巨大的衝擊，其主要原因即在於網約車獨特的商業模式。傳統計程車公司通常需要通過電話由專門的調度人員進行車輛調度，並且依賴於政府頒發的運營許可證。相比之下，網約車平台並不擁有任何車輛，而是通過基於網路的應用程式替代了人工的調度。中國的滴滴出行

和海外的 Uber 目前都採用這一類的商業模式，它們通過吸引獨立駕駛員作為資源以實現平台的價值主張。

與技術創新相似，商業模式創新也面臨着風險和過時的問題。現階段的許多創業者和他們的企業可能更關注於技術的發展，通過不斷地增加研發投入，以避免因技術過時而使產品被淘汰。但如果創業者和企業忽視了商業模式的持續改進和創新，則可能會因為無法緊跟消費者偏好的變化而降低價值創造和獲取能力，進而也會影響企業所獲利潤。因此，尤其對於初創企業而言，商業模式創新與技術創新同等重要，都需要得到創業者的重視。企業應該在維持技術競爭力的同時，積極探索和實施新的商業模式，以適應市場的變化和消費者的需求。

4.3.3 創新適用環境與平衡組合權重

不同的創新方式在特定情境下的應用效果可能會有很大差異。選擇合適的創新類型與實際情景相匹配，可以顯著提升創新成效；相反，如果創新方式與情境不匹配，不僅創新效果會受到影響，還可能會導致整個創新計劃的失敗。

在對四種不同類型創新方式總結的基礎上，以下對不同適用環境進行進一步描述：

（1）漸進型創新的適用環境

- 初創企業目前處在一個不斷成長型的市場環境下。
- 消費者的預期需求與產品的實際功能還存在一定的差距。
- 目前的初創企業現有的產品技術仍然具有改善與升級的潛力，這些潛力將容易滿足消費者未來不斷提高的預期需求。
- 目前的技術或者商業模式已經可以實現比較強有力的行業進入壁壘，可以阻擋住絕大多數期望進入的潛在競爭者。

（2）突破型創新的適用環境

- 初創企業的市場具有極大的增長潛力，增長的利益足夠支撐企業研發出全新的技術。
- 按照現有的技術發展速度將遠遠跟不上消費者最迫切和重要的需求。
- 由於初創企業當前的技術水平所限無法滿足消費者的預期需求，導致消費者可能放棄購買產品，行業利潤也隨之降低。
- 預期初創企業新的技術比較容易被消費者所接受，技術和商業模式都很難被競爭者模仿，新的技術可以獲得智慧財產權保護。

（3）顛覆型創新的使用環境：

- 目前的細分市場已經不再適合於針對消費者的準確定位，初創企業的商業模式將會使市場增長速度放緩。
- 目前的產品技術已經完全滿足消費者的最大化需求了，初創企業無需再進行「過度改進」，消費者可能已經把購買興趣點放在其它的產品屬性方面了。
- 對於消費者所關心的市場或產品的一些新屬性，初創企業已經很難通過技術的手段去解決，而需要考慮從建立新的商業模式入手。
- 如果初創企業能夠成為行業先驅者或者具有強大的實力規模，可以通過規模經濟優勢改變商業模式，以便滿足消費者對價格的需求，同時也為模仿類競爭者設置了價格壁壘。

（4）結構型創新的使用環境：

- 當前的細分市場已經幾乎沒有任何可能的增長。
- 雖然消費者最迫切和最重要的需求已經獲得了滿足，但是他們依然重視產品的一些其它新的屬性。

- 初創企業所實施的單獨技術創新或者單獨商業模式創新都無法形成令消費者滿意的產品新屬性。
- 如果將技術創新與商業模式創新相結合，初創企業可以建立一個堅固的反模仿化的壁壘，技術與模式共同加持的壁壘尤其可以減少實力強大的潛在競爭者的侵入可能。

在創新的實踐中，創業者往往會發現自己處於一個多元化的商業環境中，這要求他們採取不同比例的混合創新項目組合。在這種複雜的多元化環境中，不同類型的創新在組合中的相對權重是創業者需要特別考慮的關鍵因素。

- **評估環境：**首先，創業者需要評估市場環境、消費者需求、技術發展趨勢和競爭態勢，以便確定各種創新方式的適用性。
- **確定權重：**根據環境評估的結果，創業者應確定漸進型、突破型、結構型和顛覆型創新在組合中的相對權重。
- **靈活調整：**隨着市場和行業的變化，創業者需要靈活調整創新組合的權重，以適應新的挑戰和機遇。
- **避免單一創新：**在實際操作中很少採用單一的創新方式來完成整個創業過程。混合使用不同類型的創新可以更好地應對多元化環境中的不確定性和複雜性。
- **創新的動態管理：**創業者應該對創新組合進行動態管理，根據回饋和結果不斷優化創新策略。

在實際的創新操作過程中，創新組合可能表現為：結合漸進型創新來持續改進現有產品、增強市場競爭力。利用突破型創新來開發新技術、開拓新市場或者滿足高端產業的新需求。通過結構型創新來實現技術和商業模式的結合、創造全新的市場機會。採用顛覆型創新改變商業模式的遊戲規則，來吸引新的消費者群體。在實際的創新操作過程中，很少採用「單一」的創新方式來完成整個的創業過程。

4.4 提高企業創新能力

創業者在熟悉並掌握多樣化的創新方式之後，面對技術革新與市場波動，能夠巧妙地平衡與融合創新元素，這將邁出成功創業的關鍵一步。但熟悉創新並不意味着他們就能夠輕易地完成對企業的創新。要真正實現創業目標，創業者必須進一步通過企業的組織能力構建一個完善的創新體系，使得創新方式與創新能力能夠緊密結合，相得益彰。

許多成功的企業已經通過一系列實踐方法為我們提供了寶貴的經驗。首先，創新能力必須深植於企業的日常運營之中，這包括優化流程、提高效率、激發員工的創造力等。其次，人力資源的有效管理和激勵機制的建立對於激發員工的潛力和創新精神至關重要。再次，為了促進跨部門的協作和資訊的自由流通，組織結構的設計也應充分考慮創新的需求，這樣的結構有助於形成一個開放、靈活的環境。最終，企業通過這些措施構建一個能夠不斷自我更新、自我完善的互動式創新系統。

在這個系統中，企業將不斷地尋找並解決顧客的痛點以便提供切實可行的解決方案，確保在追求創新的過程中，不會偏離企業的長期目標和願景。

4.4.1 深入洞察，超越現狀

「穿上消費者的鞋，親身體驗消費者的經歷」，這是許多企業渴望實現創新的起點。然而當在面對不斷湧現的新創意和新解決方案時，不少企業出於可能需要承擔風險等各種原因而開始抵制變革與創新。

擺在創業者面前的問題是：如何在現有技術的基礎上深入地理解消費者的實際需求和行為，並將其轉化為初創企業推動技術創新或商業模式創新的動力？回答這個問題需要我們從產品技術與消費者需求的視角，重新來定義品牌體驗、結構或體系。

初創企業需要運用同理心來探索消費者的需求，將消費者顯著的痛點作為創新的靈感源泉。通過對消費者痛點的深入挖掘，企業可以發現並利用那些未被充分利用的機遇。痛點通常指的是在產品、服務或體驗中令消費者感到的失望、浪費的時間和資源、可能造成實際損害的關鍵環節等。創業者通過識別這些痛點找到創新的豐富線索和機會。創業者也可以通過觀察和了解其它行業的類似創新案例來獲得一些創新的靈感。如果能夠通過不同的視角或者基於不同門類的學科去思考研究一個問題，並且可以通過實驗或者快速迭代運算的方式加以驗證和回饋，對於推動創新至關重要。

同理心是連接消費者和創業者的橋樑。創業者需要清楚地認識到他在為誰設計產品和服務。「穿上他人的鞋子走上一英里」，通過這種方式使得創業者可以更真實地理解消費者的感受和需求。同理心不僅是一種簡單的方法，更是一種獲得深刻洞察力的有效途徑。

4.4.2 藍海戰略：構建創新能力的新篇章

藍海戰略這一概念由韓國學者金偉燦（W. Chan Kim）和法國學者莫伯涅（Renée Mauborgne）在其著作《藍海戰略》中首次提出，這種具備獨特創新能力的商業戰略在商業管理領域產生了深遠的影響。這一戰略的核心理念在於企業不應僅僅局限於現有競爭激烈的市場——即所謂的「紅海」去爭奪有限的市場份額，企業應該去尋求創造全新的市場需求空間，也就是「藍海」。

無論是初創企業還是成熟企業，在傳統商業模式中，都可能面臨與眾多競爭對手爭奪有限市場份額的困境。這種競爭往往會導致企業利潤空間和發展空間的急劇壓縮，甚至可能導致企業的失敗。對藍海戰略的引入可以為企業提供一種新的選擇，因為創建藍海市場的過程，需要企業在以下關鍵問題上進行深思熟慮：

- **價值創新：**如何通過創新提供超越現有市場的價值？

- **市場空間**：如何識別並開拓未被滿足的市場需求？
- **商業模式**：如何設計一種全新的商業模式，以適應藍海市場？
- **競爭策略**：如何在新的市場內構建起競爭優勢，避免現有市場激烈的競爭？

在此基礎上，創建藍海市場的方式需要在四個方面進行改變，如下圖所示：

圖 4-6　如何創建藍海市場

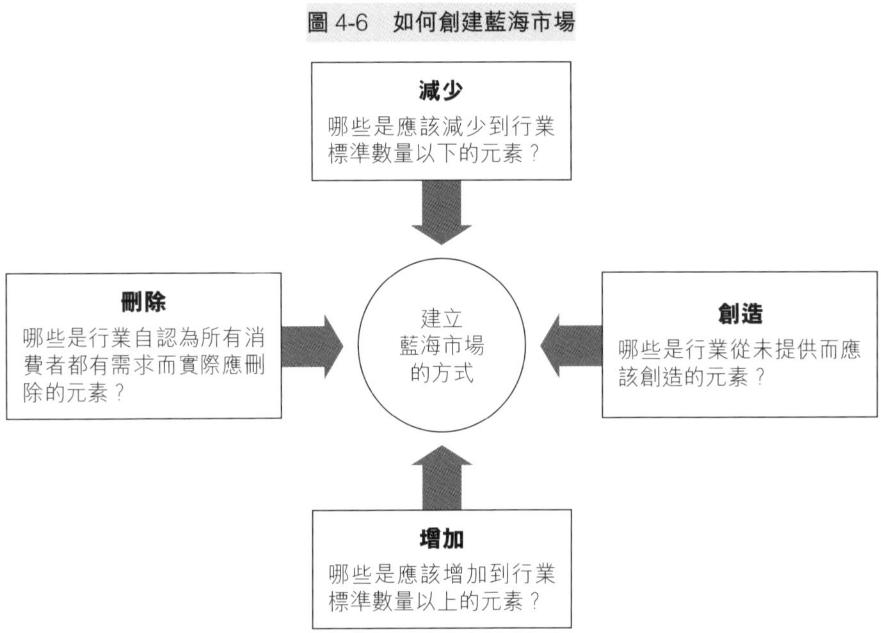

通過引入藍海戰略，企業可以考慮對現有商業模式下已經存續的多種要素進行增加、減少、創造、刪除。通過重新組合出新的要素體系和提高自身的創新能力，為消費者提供獨特的消費價值，建立新的商業價值曲線，以便更好地滿足消費者的需求，而不是僅僅依靠現有的產品或服務進行局部的改進。企業應該追求與現有市場完全不同的產品或服務模式，而不是在現有產品上增加新功能。通過對商業模式的改進與創新，創造出新的市場需求，使得企業可以儘量避免與競爭對手在現有市場中產生直接的競爭。

4.4.3 組合創新：激發無限可能

當我們深入理解創新時，會發現它並不總是着意於全新的思想或創意，事實上創新經常涉及到將現有元素以新的方式重新組合。這種組合可能包括將看似無關或甚至相互衝突的元素結合起來，創造出全新的產品或服務模式。以交通紅綠燈為例，單獨的紅色或綠色信號並無實際的意義，但將兩種顏色的信號結合在一起，就形成了交通系統中一個合理且連續的循環，交通狀況也會因為不同信號的結合而變得很有秩序，這也正是組合創新所帶來的價值。

進一步拓展我們的思路，讓我們考慮積木這一類型的兒童玩具，是否會為創業者帶來啟發。積木的操作指南通常提供固定的零件搭配方式，但這些只是基本的玩法。如果我們打破常規，將不同系列的積木零件混合使用，就能夠根據自己的想像力創造出無數種新的組合。這些散落的積木零件通過不同的搭配可以形成無限多的新形態，這正是組合創新的魅力所在。

在技術領域和商業模式領域，組合化的創新同樣可以產生巨大的影響。創業者可以通過將看似無關的模式或技術融合，以形成協調一致的新概念，初創企業就可以創造出獨特的組合化創新方式。例如，將傳統的零售模式與電子商務技術相結合，就誕生了線上線下融合的新零售模式。

組合創新並非自然發生，它會產生一種強大改變現狀的創新能力，組合創新要求創業者跳出傳統思維的框架，勇於嘗試和探索新的可能。通過培養、管理和組織這種能力可以不斷激發創新活力，以推動技術和商業模式的進步。創業者應該鼓勵員工跨越不同領域和部門，進行相互之間思想的交流和知識共享，以便促進新想法的產生。初創企業還應該根據企業的特徵建立鼓勵機制，以支持和獎勵那些能夠將不同元素有效組合的創新嘗試。

在現實商業實踐中，早期的個人電腦就是組合創新的一個經典例子。它將使用者界面、微處理器、操作系統、應用軟體、輸入輸出設備等多種技術因素有效集成，形成了一種創新的硬體和軟體組合。這種集成不僅推動了個人電腦的發展，也為後來的技術革新奠定了基礎。幾十年後，蘋果公司的 iPhone 再次展現出了組合創新的力量。它不僅繼承了個人電腦的許多概念，還將移動通信、音樂、視頻和移動互聯網等新概念融入其中，創造出一種新穎而有趣的產品。隨着移動通信等概念的加入，iPhone 的外形逐漸趨向於手機，這可能使一些對視頻屏幕尺寸、清晰度、使用者界面體驗有較高要求的消費者感到不滿。為了滿足這部分消費者的需求，蘋果公司通過提高視頻屏幕和使用者界面的組合權重，而犧牲移動通信的權重，創造出了一種新的組合創新类產品，iPad 應運而生了。

那麼，創業者又將如何實現組合創新呢？首先，企業需要尋找並擁有一批具有不同學科背景和經驗的綜合性人才。這些人才能夠從不同的角度整合出新的想法和方法，通過跨越學科邊界、對各種思想進行分類和篩選、理清各個關聯點，形成企業初始的創新能力。

其次，在擁有綜合性人才的基礎上，企業需要整合不同類型的知識流，圍繞快速實驗、反覆運算和不斷修訂等三個方面對新型組合產品的技術和商業模式進行深入化探索，以期望未來創造出具有獨立性結構的新產品。

最後，組合創新的模式不僅可以應用於新產品的開發，還可以用於企業內部的改造。初創企業可以通過將互補的、有益的因素整合起來並且動態地改造和組合自身的結構，以更好地適應和引領行業的發展。

組合創新是一種需要多學科知識和多樣化人才共同參與的過程。創業者通過整合不同的想法和技術可以創造出具有獨立性結構的新型組合產品，以推動初創企業的發展和創新。

4.4.4 上下游需求：構建創新能力的源泉

亞德里安・斯萊沃斯基（Adrian Slywotzky）首次提出「需求創新」的概念，他認為創新不應僅局限於技術層面的發明創造。以研發為主體的突破型創新雖然激動人心，但對企業而言，往往伴隨着巨大的挑戰。這些挑戰主要體現在以下三個方面：

- **資源投入：**研發新產品需要大量的專業人員和資金支持與投入，這對企業而言是一筆不小的經濟負擔。
- **研發風險：**即使投入巨大，研發項目仍有可能會失敗，這種風險可能是企業不可承受的。
- **市場接受度：**即使研發成功，新產品是否能滿足市場的需求，避免「過度需求」導致的市場化失敗，是企業需要深思的問題。

開發全新的產品面臨着日益增長的風險。即便新產品滿足了當前顧客的需求，企業仍然需要通過廣告、公共關係等媒體手段，建立新的消費群體，開拓新的分銷渠道。

「需求創新」策略提倡轉換思維方式，創新不再過分依賴於技術性研發，而是將注意力關注於現有企業產品上下游是否存在新的需求。企業應該首先確定其產品的核心競爭力，並評估是否擁有充分的資源和能力來形成並擴展競爭力。然後，企業需要在產業鏈的上游或下游中尋找進一步開發的可能機遇。企業如果能夠利用現有產品的核心競爭力和品牌，將會更加容易在上下游需求方面找到創新的機會。

企業通過對上下游需求的深入開發，以期幫助消費者解決相關痛點，同時可能打通整個產業鏈的瓶頸部分。企業可以利用產業鏈的各個環節，為消費者提供更高價值的服務和解決方案，深入挖掘上下游的潛在需求，通過滿足這些需求來創造新的市場機會。這種策略有助於企業降低創新風險，同時更有效地滿足市場需求，從而推動企業的持續發展。

4.5 培育企業創新文化

在創新過程中存在着一種普遍的誤解，許多創業者會認為電腦、實驗室設備、人工智能（AI）可以獨立完成整個創新過程。在當今快速發展的AI 時代，我們必須認識到，儘管人工智能在許多領域發揮着重要的作用，但是它仍然只能作為人類的輔助工具來為人類服務。我們難以想像一個完全由 AI 控制的企業，因為創新本質上是一項需要人類參與的活動。關鍵的決策最終仍需由人來做出。

人類在創新中扮演着決定性的角色，人們決定着技術發展的方向、市場趨勢、團隊構成以及項目推進等複雜且多變的決策。所有這些決策都源於人類的思維方式，而文化正是塑造這些思維方式的關鍵因素。不同的文化背景可以塑造不同的思維模式，從而影響人們的行為方式，並最終可能會影響到創業的結果。

如果將這一規律應用到企業組織文化中也同樣有效。一個組織是否能夠建立起有效的創新文化對企業的成功也是至關重要的。特別是對於初創企業而言，培養創新文化將直接影響到企業未來的發展軌跡和成果。

創新文化包括以下幾個關鍵要素：

- **開放性：**企業鼓勵員工提出新想法，並對不同的觀點持開放的態度。
- **容忍失敗：**創新往往伴隨着風險和失敗，企業需要建立一種容忍失敗、從失敗中學習的文化。
- **協作精神：**創新往往需要跨部門、跨領域的合作，鼓勵團隊協作和知識的共享。
- **持續學習：**企業要鼓勵員工持續學習新技能和新知識，以適應不斷變化的技術和市場環境。
- **領導支持：**企業領導層的支持對於創新文化的建立至關重要，他們需要通過行動和決策來展示對創新的承諾。

在許多歷史悠久的企業中，組織文化可能變得根深蒂固而難以改變。許多組織成員可能更傾向於維持現狀，而不是積極尋求創新以增強企業未來的競爭力。相比之下，初創企業在成立之初，就需要建立一個支持創新的平台，而所建立的創新平台則需要與相應的組織文化相適應。

如果年輕的初創企業沒有一種與之相適合的創新文化，那麼無論制定多麼完善的創新戰略和體系，都可能無法發揮其應有的作用。此時，創業者所面臨的挑戰是如何搭建起一種合適的創新文化，還需要思考這種文化是否能夠適應企業未來各個發展階段的需求，以及是否適用於未來可能形成的不同組織結構。

我們可以將企業的組織結構比作「硬體」，而組織文化則相當於「軟體」。一個組織的運行類似於電腦的運作，只有將軟體和硬體協調一致才能真正地推動企業組織的持續發展。創新文化作為組織中的「軟體」需要不斷地進行「升級」，以適應甚至引領組織「硬體」的提升，這種「升級」主要體現在組織成員積極參與和探索科學、創新的思維方式，綜合不同的專業方向和背景形成組織內新的連貫思想與概念，這將極大地有利於對未來具有潛力項目的正確選擇和決策。

雖然這種創新文化無法直接被看到或觸摸，但是它對組織的影響卻是無處不在的。創新的文化演進類似於電腦軟體的升級，需要根據情境的變化不斷地進行調整。在長期的可持續發展過程中，企業需要避免形成一種人人畏懼冒險的「大公司文化」，同時也要避免過度依賴和崇拜個人的「英雄主義文化」。創業者需要通過有效的管理手段不斷調整策略和體系，以創造一個充滿活力的組織文化。

4.5.1 創新文化所具備的特徵

創新文化與普通的企業文化不同，創新文化剔除了自上而下、否定他人、各自為政的不良因素，創新文化包括了授權員工通過一起學習，進而培養集體樂觀主義精神，形成了以團隊為基礎的合作關係。企業通過將團隊的合作關係植入到組織的日常流程和價值觀當中，來保證企業打造經久不衰的傳奇。

一般來説，創新文化更加具有鮮明的創新特點，可以從以下幾個方面對其進行描述：

（1）容忍探索中的失敗

創新本身可能就會存在風險，甚至説創新的失敗是一種常態。然而，失敗是成功之母，正是一次又一次的失敗才可能最終導致偉大的成功。因此，在一個優秀的企業內，創業者應該具有很高的失敗容忍度。否則，每名員工都會擔心因為失敗而需要去承擔責任，也就無人敢於再去冒險與創新了。

（2）鼓勵積極的探索

可以説創新就是一個對未知領域的探索過程，通過創業者的創意和思維，經過創業團隊的調查和實驗，為企業建立起新的競爭能力。在整個探索過程中，許多調查與實驗也可能會進一步建立起新的創意和思維。這種有效的循環過程都是以組織鼓勵員工積極的探索作為前提條件的。

（3）融洽的心理氛圍

一個創新組織需要員工之間建立融洽的心理氛圍，創業者需要鼓勵員工坦誠公開地談論問題，而不用擔心被打擊報復，避免不必要的損失或者錯誤。融洽的心理氛圍狀態可以使員工更好地學習、交流、支持、創新。在融洽的氣氛下，創業者和員工們坦率地發表各自的想法和意見，將會為企業提供許多有價值的資訊。

（4）發展友好的合作

在創新文化的組織當中，團隊與矩陣化的管理是一種普遍的管理模式，團隊成員間是否可以相互適應、友好合作直接決定了團隊的競爭力。在合作的文化中，企業是否能夠為員工建立起「人人為我，我為人人」的思想，使他們認為幫助他人和尋求幫助是一件自然而然的事，也屬於組織內正式的工作內容。團隊成員擁有良好的合作，往往會帶來最佳的整體效果，可以將集體的力量發展到最大化。

(5) 扁平化的組織結構

在創業發展的過程中，初創企業會逐漸增設很多層級結構，但是不斷擴充的層級和臃腫的機構，將會慢慢地吞噬企業未來的競爭力，一個很重要的原因就是多層級結構降低了溝通的順暢性，導致企業內部閉塞了言路，對很多問題也降低了回應速度。扁平化組織結構有助於解決多層次結構的很多不足點，使之更有利於創新，扁平化管理往往能夠利用更廣泛的資訊、知識、經驗、方向來為創新帶來更好的思想和創意，這種組織結構也為員工之間融洽的心理氛圍和友好的合作提供了更好的前提條件。

4.5.2 創新文化建立的前提條件

事實上，創建創新文化是一個很艱難的過程。組織如果沒有成熟的前提條件則很難建立起上文所描述的創新文化，因而組織需要完善以下的前提條件，來滿足創新文化的生成可能。

(1) 對員工能力的要求

創新型企業本身對於每一名員工的工作素質和工作能力都有着嚴格的要求，並且設置了較高的績效標準，企業要求這些員工應該展現出他們優秀的工作水平，達不到要求的員工可能會被解僱或被要求轉崗，優秀的創新型企業最不能容忍的就是無能的員工，如果員工連本職工作都無法勝任的話，又怎能去鼓勵他們進行任何其它工作的探索。

(2) 對員工紀律的要求

企業對創新的探索不代表可以讓員工按照自己的想法、漫無目的做任何他們想做的事情，作為探索的核心是做科學合理的實驗和研究，這些創新活動應該具有相當的目的性、合理性和可行性。相應的紀律和規則是達成這些重要目的前提條件。紀律意味着一種推進、修改、終止某種思想或者行為的標準，企業可以根據這個標準，有條不紊地建立並探索相關的流程。如果在創新過程中需要終止或重構某個項目，更需要紀律給予支援。

(3) 對員工誠實的要求

坦誠和誠實對於個人來說屬於基本的素養，在坦誠的氣氛中交換想法、主動的傾聽和交流會使交流雙方都具有心理安全感。雖然很多人主觀上更願意接受表揚而非批評，但是對於企業來說，獲得真實的資訊和回饋往往是最有必要的，這就要求企業中的每一位員工都應該坦誠以待，用誠實的態度來交流和處理各種可能出現的問題。他們可以質疑企業內各種工作漏洞、方法和結論，從而形成毫無保留的坦誠，而不是虛假的奉承和恭維。這樣企業才能進一步推動創新向正確的方向發展。

(4) 對員工責任的要求

企業內的團隊和個人都應該分擔起集體責任和個人責任。只有大家都擔負起相應的責任才能夠在未來實施更好的分工與合作，可以說責任就是需要獨立承擔決策的過程或者後果。如果決策賭注較高的話，那麼人們會尋求更多的外界幫助以獲得不同的外部資訊。隔絕回饋往往會導致失責的可能。低度責任化的企業員工之間往往會推諉責任，這對於建立創新文化是相當不利的。只有高度責任化的企業才會帶給員工之間更多的合作，才會更加具有創新挑戰性。

(5) 對領導力的要求

扁平化組織設計是初創企業所流行的具有競爭力的一種設計結構。由於扁平化組織對領導力的要求更高，這就要求創業者需要具有強大的領導力，以作為實施扁平化管理的前提，否則的話，匱乏的領導力可能會導致扁平化組織陷入混亂。強大的領導力需要設定好明確的目標和優先順序，以確保團隊獲得所需的資源來適應扁平化的管理模式。

4.5.3 創新文化的實施與演變

創新文化的情境演變要求創業者不僅要關注當前的業務需求，還要預見未來的發展動向。通過對創新文化不斷地學習和適應，企業能夠培養出一種迅速回應市場變化和內部創新需求的文化氛圍。這種文化的建立需要從組織結構、管理機制、員工激勵等多個方面入手，以形成一個全方位支持創新的組織環境。

創新文化的培育是一個動態的過程，它需要隨着企業外部環境的變化和內部成長的需求而不斷演進。企業領導者在這個過程中所體現的洞察力和決策能力至關重要，他們需要在保持企業穩定發展的同時，不斷引領團隊探索新的創新路徑。

創新文化的實施與演變在企業從初創期邁向成熟階段的過程中顯得尤為關鍵。初創企業充滿着活力，它們通常展現出創新、冒險、敏捷、團結和靈活性等特質。創業者在初創期追求事業快速發展的同時必須不斷地調整戰略方向，以適應未來不同發展階段的需求。這就需要創業者建立與各階段相匹配的創新文化，才能有效應對企業成長和擴張中遇到的挑戰。英國著名管理學家查爾斯．漢普頓 - 特納教授，曾在他提出並指導的課程「東西方文化與矛盾論」中指出企業在各階段的創新文化方面具有四種可能類型。這些類型不僅豐富了我們對企業文化多樣性的認識，也為創業者在未來不同發展階段進行構建和調整創新文化提供了一定的理論指導。

圖 4-7　創新文化的四種類型

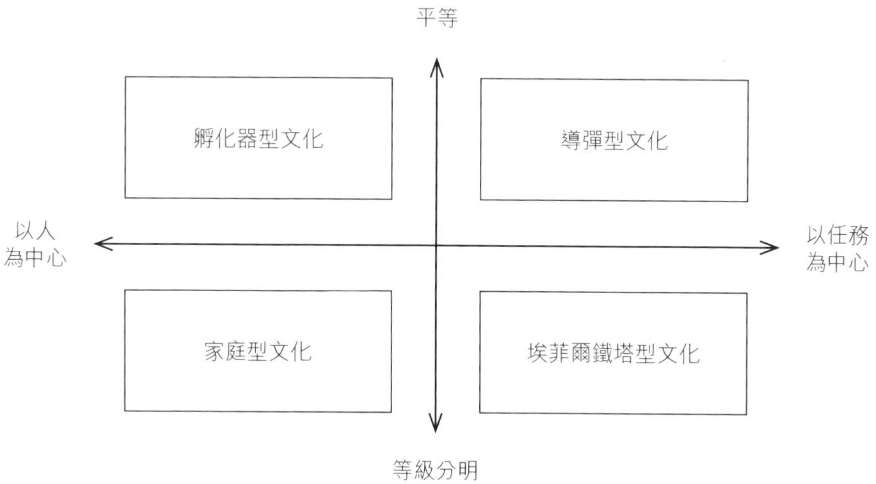

孵化器型文化 這種文化宣導企業內部平等，取消了傳統的等級制度，強調企業每位初創成員的重要性和創造性。在這種文化中，共同創業的目標將所有的人凝聚在了一起，孵化器型文化適合於創業初期、規模較小的團隊，企業員工的數量通常在 10 人或以下。這種文化鼓勵開放員工之間的交流和自由創新，為新思想的孵化提供了理想的環境。

導彈型文化 導彈型文化同樣強調平等和團隊精神，但是它更加注重團隊的組建和任務的完成效率。這種文化下，企業通過構建高效的團隊來快速將理念轉化為實際的成果。導彈型文化可能是孵化器型文化的延伸，適用於那些已經能夠圍繞不同任務組建團隊並達成多樣化目標的企業。

家族型文化 這種文化以人為核心，但與孵化器型和導彈型文化不同的是它強調以創業者或創始人為中心，將企業員工視為自己的家庭成員，以建立一種類似家族的關係。企業內部存在着明確的等級制度，創業者通過自上而下的指導和培訓，來構建員工對企業忠誠和信任的文化基礎，家族型文化常見於家族企業和部分中小型企業。

埃菲爾鐵塔型文化 這種文化強調高度的等級性和任務導向，企業宣導組織化和明確的管理分工。要求企業建立正式的戰略、組織結構、商業模式和運營流程以及制定相應的制度和規則。這種文化推動着企業向正規化的管理邁進，以任務為中心的管理方式強調標準化和精細化的重要性，鼓勵規模經濟的發展，埃菲爾鐵塔型文化在企業逐步進入成熟期後，將顯得愈發重要。

每種文化類型都有其獨特的優勢和局限性，企業應根據自身的發展階段、目標和環境來選擇和培育相應的創新文化。企業需要不斷調整和優化組織自身結構，以建立起支持創新、適應變化、促進發展的組織文化。在創新的征途上，單一的文化類型往往難以滿足多變的市場需求和組織發展。因而許多企業選擇了將不同的文化類型相互結合，以期使企業達成更優化的組織效能和創新能力。

1. 孵化器型文化與導彈型文化的結合 這種結合能夠使企業迅速捕捉市場

動態，滿足顧客需求。企業像一支快速反應部隊能夠靈活調整戰略，避免錯誤，迅速實現目標。這兩種文化的融合有助於企業在保持創新活力的同時，提高執行力和市場回應速度。

2. 孵化器型文化與家族型文化的結合 這兩種文化的結合強化了對個體的關注，將有助於在企業擴張過程中降低員工流失率。員工感受到來自企業的關懷和家庭般的溫暖，從而增強了歸屬感和忠誠度，這對於維持團隊穩定性和推動企業的長期發展至關重要。

3. 孵化器型文化與埃菲爾鐵塔型文化的結合 這兩種文化的結合將有助於構建一個既正規又高效的團隊，企業能夠在變化多端的市場環境中，迅速調整策略並且始終保持着強大的競爭力。這種文化融合強調了組織紀律和應變能力，使企業能夠在保持秩序的同時靈活應對市場挑戰。

4. 家族型文化與埃菲爾鐵塔型文化的結合 這兩種文化的結合促進了集中式的高效率和正規化管理方式的建立。企業能夠通過明確的等級制度和規範化流程，實現高效的決策和運營。這種文化融合也強調了團隊合作的重要性，確保了組織目標的高效化完成。

5. 導彈型文化與埃菲爾鐵塔型文化的共同作用 這兩種文化的結合可以進一步明確任務完成的必要性和及時性，強化了團隊的合作能力。企業不僅能夠迅速回應市場變化，還能夠通過標準化流程和精細化的管理，提高產品和服務的品質。

通過不同文化類型的有機結合，企業能夠在創新過程中發揮出更大的潛力，以便實現更加全面和平衡的發展。這種文化融合的策略要求創業者具有高度的洞察力和協調能力，以確保不同文化元素得以有效整合和協同。

4.5.4 創新文化所面對的風險

建立創新文化對企業發展極為關鍵，但是這一過程並非沒有風險。

首先，創新文化是一個複雜的、以人為本的組織體系，它使得通過量化手段評定哪種創新文化最優化變得極其困難。企業必須根據自身的實際情況，選擇最適合自己的創新文化，以便支持自身的發展。

其次，創新文化本身往往具有內在的矛盾性。它可能表現為兩個看似對立的方向，這種表象化的矛盾可能會導致創業者和員工均感到不知該何去何從。然而，這些所謂的表象化矛盾可能並非真正的矛盾，而是由於從不同角度觀察問題所產生的。例如，失敗與成功看似矛盾，但眾所周知，失敗是成功之母。同樣的道理，紅色與綠色在交通信號燈中看似矛盾，但它們共同確保了交通的順暢。創新文化正是由於在這些看似矛盾的元素之間尋找到了平衡才得以實現和諧共存。

最後，實現創新文化的過程往往是充滿着各種挑戰的。它不僅需要強有力的推動和明智的選擇，同時還需要許多適宜的因素和條件。實現創新文化的這些條件只有得到具體滿足後才可能真正落地生根。

創新文化的建設是一個長期而又複雜的過程，這一過程需要創業者的遠見卓識和企業全體員工的共同努力。初創企業必須在不斷審視和調整自己文化策略的同時，來確保它能夠適應不斷變化的外部環境，並支持企業的持續創新和發展。企業通過這種方式，可以最大限度地發揮創新文化的潛力、克服相關風險以實現長期的成功和繁榮。

第 5 章

實施有效的創業領導力

學習目標

通過對本篇的學習，您將了解到：

1、創業者具有哪些與眾不同的個人特質？

2、創業者的領導力內涵都包括了哪些方面？創業者具有哪些領導職責？

3、與傳統領導力理論不同，創業者應該如何重新理解創業領導力？

引入案例

袁征的商業旅程始於 1994 年，當時他在日本聽到比爾．蓋茨關於「信息高速公路」的演講後深受啟發，決心前往美國去追逐互聯網革命的浪潮。然而，他的赴美之路並不平坦，他的簽證申請直到第九次嘗試才成功。1997 年，他終於抵達了美國，加入了視訊會議軟體公司 WebEx。

袁征在 WebEx 工作的 14 年裏憑藉出色的技術能力和不懈的努力，職位從工程師逐步被提升到副總裁位置。他的 WebEx 工程師團隊從 10 人發展到 800 多人並將收入從 0 增長到超過 8 億美元。在思科收購了 WebEx 後，袁征成為了思科工程副總裁，但是他的理想與追求並未因此而止步。

袁征發現，儘管市場上已有相似功能類型的 Skype、Google Hangouts、WebEx 等產品，但所有的產品沒有一個能夠滿足消費者對高品質音視訊會議的需求。他意識到市場真正需要的是一個基於雲的會議室解決方案。2011 年，袁征離開 WebEx 並創立了 Zoom，袁征親自擔任公司 CEO 並開啟了他的創業之路。

袁征始終堅持追求產品的極致優化和用戶體驗。Zoom 的成功得益於其簡便易用、高穩定性和優秀的音視頻品質。Zoom 不需要使用者下載或註冊帳戶，只需點選連結即可加入會議，這一點在用戶體驗上超越了其他競爭對手。

袁征的領導力體現在他對公司文化的塑造上。他堅信「Deliver Happiness」（傳遞快樂）的哲學，他強調信任、透明、快樂、勤奮和簡單，這些價值觀成為了 Zoom 的企業文化核心。這不僅體現在對員工的關懷上，也同時體現在對消費者的服務中。2018 年，袁征被美國求職網站 Glassdoor 評為全美最佳 CEO，這一榮譽反映出他深受員工的愛戴和尊敬。他的領導風格和對員工的關懷使得 Zoom 成為了每一名員工樂於推薦給朋友的公司。

2019 年 4 月，Zoom 在納斯達克敲鐘上市，IPO 定價區間為 32 美元至 35 美元，首日股價飆升 80%，市值近 160 億美元。袁征憑藉公司 22% 的股份，在 Zoom 成功上市後達到了個人職業生涯新的高峰。

創業者的領導力在創業階段以及未來的發展壯大階段都至關重要。創業者應該意識到只有將領導力理論和創業實踐有效結合，才能為員工創造出更為有效的工作動能和優良的工作環境。領導力可以將一個普通的組織轉變為卓越的組織。創業者需要讓每一位初創員工了解到他們的角色和如何實現他們的目標。因此，創業者需要不斷地進行領導力經驗的反思，並將這種反思帶入工作場所，他們需要在創業過程中不斷地改進領導力方式，以提高領導力水平。

領導力不只是關於告訴員工該做甚麼，以及如何去做。它還涉及到應該如何激發出員工的內在動力，這種動力會促使他們渴望與創業者並肩作戰，並為組織的願景和目標貢獻自己的力量，使得員工能夠為組織帶來寶貴的價值。

實際上，領導力已經滲透在社會的各個層面和各種情境當中。它涉及的核心元素包括核心業務、附屬業務（如新產品開發或創新）、業務支援服務（如人力資源、設施、清潔等）、以及專業服務（如管理）等方面。領導力的表現既可能是經過周密計劃，也可能是自發的或者應對緊急情況的。員工需要領導者的激勵，而領導者則需要為員工提供方向和鼓舞團隊朝着既定目標前進。優秀的領導力更致力於激發人們的潛力，以便實現最佳的成果。

在企業的各個層級，都需要不同形式的領導者，具體如下：

1. 首席執行官／董事（高層） 此層級的領導者負責制定和實施組織的廣泛目標和遠景。他們需要具備戰略性領導才能，能夠明確方向，如「我們要從 A 點到達 B 點」或者「我們要實現目標 X」。

2. 行政級別（行政層） 行政層的領導者需要負責溝通和執行策略。他們可以促進領導者與追隨者之間的聯繫，並推動雙方的交流。他們還負責制定經營各部門的目標和所設定經營的任務。

3. 運營級別（運營層） 運營級別的領導者負責實施具體的項目或活動，以實現組織的戰略目標。這一層次包括了管理團隊的日常運作和特定項目的執行。

領導力所展現的每層級別都是不可或缺的。它要求領導者應當具備不同的技能和素質，以適應不同層級的特定需求。企業通過這樣的領導力實踐能夠確保從高層到基層的每名成員都能為共同的目標和願景發揮最大的潛力。

儘管某些現有的領導力理論，如特質型領導力理論和魅力型領導力理論強調了個人特質和魅力在領導力實施中的重要性。但是領導力的實施並不完全依賴於固有的個人特質或魅力，誠然，創業者可以通過學習和培養領導力的技能，更好地理解和靈活運用這些個人特質，以提升自己的領導效果。但是創業者也應該意識到領導力的發展屬於一個持續的過程，他需要不斷地自我反思並通過積極的態度和恰當的方法逐步塑造和提升自己的領導力，從而更有效地引導團隊進而實現初創企業的目標。

5.1 成功創業者的個人特質

當我們審視眾多優秀的成功創業者和他們的初創企業時，可以發現一個有趣的現象，儘管他們可能具有不同的教育背景、家庭條件和工作經歷，並且他們的創業活動可能分佈在不同的行業中，但這些人似乎都存在一些共同的特質或共性。長期以來，學者們一直在探索着這些成功的創業者是否具有特殊的個人特質，儘管目前還沒有研究能夠確定創業者的創業行為與獨特背景之間具有直接相關性，但是依然可以發現一些他們可能共有的顯著特徵。

5.1.1 創業特質、情結與風險擔當

曾任美國密蘇里大學亨利布勞克學院院長的陳丁琦教授曾經將創業者根據性別的不同進行了特質劃分，這些特質被詳細地展示在以下的表格中。

表 5-1　不同性別的領導力特質比較

男性創業者特質	女性創業者特質
創業動機：創造價值的成就感，企業中重要的角色，控制慾強。	**創業動機**：希望成就目標，單獨行動。
創業出發點：不滿現有的工作，搞副業，或者被解僱，找到機會。	**創業出發點**：工作挫折，識別機遇，改變個人環境。
資金可能來源：個人資產 / 儲蓄，銀行，投資者，家人 / 朋友貸款。	**資金可能來源**：個人資產 / 儲蓄，個人貸款，家人。
職業背景：有經驗、受認可的專家，具有商業才幹。	**職業背景**：有經驗，中層管理 / 行政管理，服務行業。
性格：固執 / 有説服力，以目標為主導，創新，自信，精力充沛。	**性格**：靈活 / 容忍，創新，自信，精力充沛，社交。
背景：25-35 歲，父親是自僱人士，大學教育，長子。	**背景**：35-45 歲，父親是自僱人士，大學教育（人文科學），長女。
支持群體：朋友，專業（律師或會計師）熟人，夥伴，配偶。	**支持群體**：朋友，配偶，家庭，婦女專業團體，行業協會。
可能開始事業：製造 / 建築、IT 類較多。	**可能開始事業**：與服務有關。

表格體現出不同性別的創業者的特質可能並不完全相同，這類創業特質的細化只是更多根據一些社會現象進行了趨勢劃分，並不是非常嚴格的。例如，長子或者長女更具有創業特質不代表其他子女不願意創業，只是可能因為長子或者長女的獨立性一般更為強大而已，這種個人特質更符合創業的獨立需求特點；同理，無論男性或者女性，所開始從事的事業不一定都要符合表格內的相關行業，表內的描述只是説明創業者在這些行業創業的可能性比例相較於其它行業或者會高一些。

事實上，並不是所有的男性或者女性都具備創業的潛質或者特質，陳丁琦教授曾經總結出十三種不符合創業者特質的類型，包含如下：

表 5-2　不符合創業者特質的類型

發現者類型	快速識別新的機會，但很少進行到底。
簡單者類型	認為一切都比想像簡單，覺得很容易創造事業。
多疑者類型	過於喜愛自己的想法並覺得每個人都會竊取和利用它。
學術者類型	具備很好的理論基礎但是缺少實際的商業經驗。
細節者類型	已經習慣於掌控目前的事情，但是不能處理新的危機。
理想者類型	對將發明轉換成實實在在的商業成功感到不適。

（續上表）

盲目者類型	對於發展加快新事業始終沒有正確的動機 / 目標。
發明者類型	與其是創業者，不如說是發明家，他更加關注發明本身。
完美者類型	花費大量的資源追求完美，反而被對手所超越。
冒險者類型	試圖表現自己更優秀，甘願冒重大風險而並不自知。
衝動者類型	不考慮採取行動的後果就不顧一切地開始。
萬事通類型	自認為自己甚麼都知道，從而使事情變得更加糟糕。
反依賴特徵	絕對毫不妥協地自行其道，通常不會取得任何成就。

通過上述分析，我們可以得知，創業者特質通常需要展現出強烈的創造與變革價值觀，並需要具備出色的管理能力、商業知識和人際網路能力。相比之下，企業的普通管理者可能在創造與變革方面不如創業者積極，而會更傾向於追求穩定型發展的價值觀。發明者雖然在創造與變革方面擁有高度的價值觀，但是社會對他們的管理才能和商業知識的要求並不嚴格。而普通人一般只要求擁有平均的價值觀和一般的管理或商業能力。如下圖所示：

圖 5-1　創業者在創造變革與個人特質之間的定位

創業者普遍懷有一種獨特的創業情結，這種情結在他們面對初次創業失敗時表現得尤為明顯。他們即便遭遇挫折也依然能以飽滿的熱情投入到後續的創業嘗試中，直至取得成功。在創業的征途上，他們渴望主導自己的命運並且能夠持續保持高昂的鬥志和旺盛的精力。在擁有創業情懷的基礎之上，創業者通常具有顯著的獨立性和對成就感的追求。獨立性傾向於按照自己的方法和節奏行事，有時甚至顯得固執己見。這種自主領導的能力是創業者最突出的特徵之一。同時，他們的成就感源自於他們內心深處的驅動力，並且渴望得到他人對自己能力的認可，並致力於實現個人價值和生活目標。

創業是一場充滿不確定性的冒險，創業者往往是這一過程中的風險承擔者。他們不僅需要具備強大的風險承擔能力，而且在面對創業過程中可能出現的各種風險時充滿克服的信心。他們在面對不可預測的挑戰時，往往能夠激發出更強烈的創造力和創業精神。正是在不斷面對和克服風險與困難的過程中，創業者才能逐漸積累起寶貴的抵抗風險的能力和經驗。這種經驗的積累使他們能夠達成一些甚至超出自己預期的成就，最終實現可能連他們自己都難以置信的事業。

5.1.2 創業背景

創業背景通常指創業者群體可能共有的背景特徵，如家庭環境、教育背景、個人價值觀與能力，以及年齡和工作經歷等。

1. 家庭環境 家庭環境對於創業者的影響非常的深遠，包括兄弟姐妹的排行、父母的職業和社會地位等。儘管這方面的研究結果並非一致並仍需深入探討，但是一些研究依然貢獻了大量的例證資訊，例如，頭生子女或獨生子女可能更容易培養出較強的自信心；父母的職業背景，特別是如果父親曾有創業經歷會對子女產生積極的創業影響；母親的創業或自僱者行為也可能增加子女未來創業的可能性；家庭的支持，尤其是父親的鼓勵對於培養子女的獨立性、成就感和責任感來説顯得至關重要。

2. 教育背景 教育背景對於創業者的影響也存在着不同的學術觀點。一些學者認為創業者的教育程度可能低於人口平均教育水平，他們推測創業者可能是因為教育的限制或家庭經濟壓力而不得不選擇創業。但是多數研究並未支持這一觀點，反而強調了教育對創業者成長的重要性，特別是創業教育能夠解決許多創業過程中所遇到的問題。許多研究發現，無論性別和最初學位專業如何，創業者對於創業相關課程都會表現出濃厚的興趣。

3. 個人價值觀與能力　雖然目前難以明確區分成功創業者的價值觀和能力與其他人是否具有很大的差異，但是成功的創業者往往擁有鮮明的個人價值觀和能力，他們通過自己的特質成為了更有效的領導者，並引導企業員工朝着共同的目標前進。

4. 年齡與創業的相關性　研究顯示，創業年齡多數集中在 22 歲到 45 歲間，男性創業者的起始年齡似乎早於女性。在 22 歲之前，許多人可能因為缺乏成熟的人生經驗和財力而不願意去創業，而 45 歲之後的許多人可能因為考慮到精力和生活的穩定性而降低了創業意願。一個有趣的現象是人們往往可能在特定的年齡節點選擇創業，如 25、30、35、40、45 歲，這些年齡似乎成為人生規劃中的重要里程碑。

5. 工作經歷的重要性　創業者的工作經歷是創業成功的重要因素之一。創業成功者更多依賴於個人的技術經驗或者產業經驗，尤其是在融資、運營、管理、行銷、研發等方面的工作經驗。大多數初創企業起初規模較小，但隨着企業不斷成長，對創業者的能力要求也隨之提高，此時豐富的工作經歷變得尤為關鍵。

創業者的背景和特質是多維度的，理解這些因素如何相互作用，可以更好地理解不同背景的創業者對未來的創業是否成功會帶來何種影響。

5.1.3 創業動機

創業者為何願意冒險去選擇創業是一個值得深思的問題。這不僅吸引了研究者的興趣，同時也是許多人好奇的焦點。以作者所從事的某所高校創業管理專業學員為例，學員在申請課程時都懷有一個創業的夢想，表現出對將來能夠親身體驗創業過程充滿了熱情。然而現實情況是部分同學畢業後，可能依然選擇回到他們之前的工作崗位，而並非投身於創業的浪潮。儘管他們具備了創業所需的背景和財務支撐，以及掌握了豐富的創業管理知識，但是最終他們可能依然選擇更為安全舒適的職業生涯路徑。這種選擇可能源於對家庭需求的考慮或是對僱傭中合理閒暇假期的嚮往，他們往往也不願意承擔獨立創業所帶來的風險。

事實上，一名具有創業特質、背景、以及知識的人如果不具備創業動機的話，前邊所擁有的一切有利創業因素都將歸零。那麼，甚麼樣的人最終會釋放出創業激情呢？又究竟是甚麼因素會激勵着創業者願意經歷一段從無到有的創業旅程呢？那就是創業動機，在創業過程中，創業動機扮演了至關重要的角色。許多研究者將創業動機歸納為四種較為常見的類型：

1. 外在需求動機　這類創業者比較熱衷於實現財富和物質需求的追求，他們希望通過創業追求到更美好的物質生活。獲取更多的財富則意味着他們的創業成功，他們往往重視社會關係網路，更願意從事社會上的各類人際交流。

2. 內在需求動機　這類創業者從事創業的目的往往是期望自身價值和成就感的實現，他們認為可以通過創業為社會、甚至為人類做出一些傑出的貢獻，他們在追求自己的理想的同時，往往在創業之初就具有了明確的目標，一般來說，這類創業者具備了一定的資源與實力來開始實施他們的創業。

3. 獨立需求動機　這一類創業者不願意為別人工作，希望自己做老闆，寧願去承受各種挫折和苦難也不願意被他人所控制，另有一部分獨立創業動機的創業者更願意通過創業來證明自己的能力和獨立性，例如，一些家族企業的子女並不願意直接在未來繼承家族的產業，他們寧願通過自主創業向大家展示自己的獨立性以及未依賴其家族的支持。

4. 家庭需求動機　創業的主要原因來源於家庭的需要，如果無法通過職業生涯來獲取家庭的生活保障，例如失業，那麼創業便成了為家庭提供保障的另一選項，甚至可以安排家庭成員或其他親人共同參與進初創企業以獲得相應的利益回報，用來改善家庭的生活環境。

創業者的動機一般說來並非是單一的而可能是多樣化的，並且可以在創業旅程的各個階段呈現出不同的組合。例如，一個創業者可能同時被外部需求動機和對獨立的追求所驅動。再例如，外部需求動機可能與家庭需求動機有着密切的正相關性，這就表明了該創業者的創業動機可能不僅受到了市場機會的吸引，也受到家庭狀況和需求的影響。

不同類型的動機在創業者心中並不是一個簡單的有或無的問題，而是各種動機可能在個人不同時期的相對重要程度或者權重比例不同。例如，一個創業者可能在某個時期更注重於來自外在需求的經濟收益，而在另一個時期則可能更關注來自於內在需求的個人成就感或社會貢獻。這些動機的相對比重會根據個人經歷、價值觀、環境因素以及創業過程中的具體情況而變化。

創業者的動機也可能隨着時間和經驗的積累而演化。初期的創業動機可能主要是追求經濟利益、家庭利益或個人獨立，但隨着企業的成長和個人視野的拓寬，創業者在進一步的創業中，可能會逐漸增加對自我價值實現、社會責任或行業影響力等方面的動機追求。

理解創業動機的複雜性和動態性，對於協助創業者的創業行為至關重要。它有助於政府和社會為他們提供更加個性化和適應性強的指導、資源和環境，以幫助他們在創業過程中做出更加符合自身情況的決策。通過創業動機的確立，也強調了對創業教育和指導的重要性，通過教育來幫助創業者識別、理解和平衡自己的創業動機，從而能夠更有效地推動創業活動進一步發展。

5.2 創業領導力的內涵

從現代領導力的視角來看，創業者通常需要展現出其特有的獨立性、自由精神和靈活性，這些特性是發揮創業者創造力和競爭力的關鍵所在。在創業的征途上，創業者不僅要帶領團隊去面對風險，他們還需要弘揚

「創業者精神」，運用其領導才能引導團隊採用新技術或新流程，進行市場開拓、實現市場突破、金融增長等關鍵的發展目標。創業者在追求商業利潤的同時必須平衡好社會利益關係。所有這些行為都表明創業者的領導才能對於創業能否成功至關重要。

創業領導力必須與初創企業的戰略方向保持完全一致。首先，創業者的領導方式需要與組織的戰略目標相匹配，以確保創業者精神能夠推動創新和增長的戰略實施。其次，創業領導力還必須與創業者的雄心和風險態度保持一致。創業者需要找到合適的方式，將自己的雄心傳遞給團隊成員，以此激勵他們朝着共同的目標努力。最後，創業領導力的風格需要與企業的文化保持一致，通過建立企業的創新文化以激勵員工實現創業目標。在創業初期，創業者可以嘗試承擔以下幾種不同的領導職責角色：

5.2.1 管理者職責

創業者在履行領導力的同時始終肩負着管理者的職責。隨着企業的成長，管理事務將變得日益複雜，創業者需要從組織、規劃和控制等多個方面進行科學化的管理。

企業規模會日益擴大，創業者需要對組織結構進行必要的調整。創業初期的組織結構可能相對簡單，但伴隨着企業的發展，原有的組織結構可能變得不再適用。創業者需要重新劃分組織職責，以便合理分配人員或部門。組織結構的調整應該從企業的整體出發，避免局部利益影響整體效率，徹底剷除企業中「頭疼醫頭，腳疼醫腳」的機構性問題。在此過程中，簡化不必要的管理層次和多餘的任務是關鍵。同時，創業者在組織內需要強調「我們」的團隊精神，而不是將單獨的「我」凌駕於員工和組織之上。創業者需對員工多交流、多聆聽、多激勵以保持緊密的溝通，以便了解他們的工作狀況。

在企業規劃方面，戰略規劃和市場規劃是管理者需要注重的兩個核心領域。這兩項規劃是持續進行的工作，管理者需要根據企業經營環境的變化而不斷地評估與調整。戰略規劃應基於對企業的全面客觀認識，得以實施明確的企業使命、願景和不同層面的目標。創業者至少需要制定 3-5 年的企業中長期規劃，並對可能面臨的外部機會、威脅以及內部優勢和不足進行深入分析。

相對而言，市場規劃應該較戰略規劃更加具體和詳細。創業者需要在基於市場調查、了解消費者需求和競爭性市場訊息的基礎之上，設計包含具體銷售目標、銷售措施、核心員工、消費者類型、代理商與批發商等要素的市場行銷計劃。創業者作為一名管理者，他需要確保通過與所有相關方緊密配合和溝通，保障計劃順利執行。通過這些管理職責的履行，創業者能夠確保企業在不斷變化的市場環境中穩健發展和實現長期的成長。

有效的控制是創業者管理職責中的另一個關鍵方面，它確保企業成長的各個方面都可以得到妥善的管理。這種控制主要體現在資源管理和流程監控上，具體包括：

資金控制　創業者需要對資金流向、庫存水平、收入狀況、消費者資料和支出項目進行嚴格記錄和控制。在企業成長的各個階段，資金流向是否合理尤為重要。

人力資源控制　對於企業的競爭力而言，能否吸引並僱傭到有才華的新員工至關重要。創業者需要建立起一個科學有效的人力資源控制體系，通過公正合理的方法評估員工績效、表彰優秀員工、適時調整團隊構成，以便不斷完善企業內部管理機制。

運輸與庫存控制　物流的合理分配和成本效益是能否有效控制的關鍵。創業者需要探索如何通過優化物流成本，實現運輸與庫存的科學管理。

生產流程控制　在生產運營中，創業者通過合理控制生產流程、優化生產性能進而確保生產進度。通過引入項目化管理和精細化管理，創業者可以進一步為企業提升生產運營的效率和潛能。

信息化管理　創業者可以利用企業資源計劃（ERP）系統等信息化手段來

加強企業的信息化控制職能。ERP 系統可以通過實現資源整合和流程的自動化，提高企業管理效率和決策的品質。

創業者通過這些控制措施可以確保企業資源得到合理的分配和使用，從而支持企業的穩定增長和市場適應性。有效的控制不僅有助於降低風險，並且還能在變化多端的商業環境中為企業帶來更多的競爭優勢。

5.2.2 團隊塑建職責

領導力與團隊的塑建和管理密切相關，創業者往往是企業團隊的首位塑建人。一個充滿創新精神的團隊對創業而言可謂至關重要，團隊塑建後的品質與初創企業未來的市場價值緊密相連。

在團隊建設之初，創業者首先要考慮的是如何將自己的願景融入團隊之中。願景是創業者理想的體現，它將塑造團隊的未來架構並指導團隊如何協作、改進、發展、收穫。創業者需要通過自身的願景來引領、激勵、説服企業內部與外部的各種關鍵人物。具有超凡魅力的創業者能夠通過傳達自己的夢想來激發他人的熱情；推動他人產生願景的共鳴；建立起自信心，以便共同為實現企業願景而努力。

組建何種類型的團隊取決於創業機會的性質以及創業者所帶來的獨特元素。一個關鍵問題是創業者是否已經根據願景制定了清晰的方向和目標。創業者在團隊組建之初，首先要考慮到眼前已有哪些人才、關鍵技術、資源、記錄等，一旦可以確定，創業者還要考慮這些人才的特點都是甚麼，他們的存在是否能補足自己的不足之處，創業者採用甚麼行為方式可以推動未來團隊的成功。除此之外，創業者需要考慮的問題還應包括以下幾個方面：

- 行業與市場中所需要的關鍵技術和經驗是甚麼？創業者是否已經掌握了這些關鍵技術和經驗。
- 創業者自身的能力和在業務中的力量，是否已經足夠完成某些業務甚至可以直接實現自己的願景。

- 創業者是否需要一些合作者共同完成某些業務和任務，才能夠實現最終的目標，是否需要他人的協助。
- 創業者希望可以從這些最終的目標中獲得甚麼？他的期望值有多高？
- 為了完成所設定的目標，創業者需要做出哪些妥協甚至犧牲，他能否承受住這些妥協或者犧牲。
- 創業者是否考慮到風險與回報之間的關係，在具有一定風險的環境下，創業者是否依然還有信心繼續走下去，是否希望找到共同承擔風險的人。

團隊的建立可能始於一個簡單的想法或者創意，然後通過吸引幾位志同道合、擁有不同專業技能的合作夥伴逐漸形成共同的理念、友誼和經歷，構建起一個初始的團隊。在組建初始團隊時，創業者並不需要一開始就解決所有的問題，也不需要追求團隊的完美無缺。團隊的融合是一個隨着公司成長逐步實現的過程，需要時間來培養團隊成員之間的默契和協作。如果正確的團隊組成與合適的創業機會能夠相互結合，則可以形成一個強大的並且行之有效的團隊；如果創業者希望團隊能夠實現「整體大於部分之和」的效果，團隊成員之間則需要具備強烈的互補性，並且各自擁有獨特的特點和優勢。

隨着時間的推移，團隊成員需要根據實際承擔的項目和任務來識別並填補團隊的空白。這意味着企業要引入更多適合特定崗位的人才，這些新成員能夠與現有團隊成員形成互補、實現平衡。在這個過程中，創業者需要不斷地識別和改進團隊的不足之處；減少成員之間的功能重疊；增加成員屬性的多樣性，逐步塑造出一個優秀的初創企業團隊，這個團隊應該不僅具備完成工作的能力，還能夠在面對挑戰和機遇時展現出創新的一面。

最終，一個成功的團隊將成為一個多樣化的集體，每名成員都能夠在其中找到自己的位置以及發揮自己的特長，因此，成功團隊的建立需要創業者的遠見、耐心和持續的領導力。

5.2.3 變革者的職責

創業是一場充滿挑戰的冒險，類似於在波濤洶湧的大海中航行。大型企業可能像一艘巨輪一樣，即便不頻繁調整航向也能夠穩健前行。相比之下，初創企業則需要像小船一樣，不斷靈活地變換方向以躲避風浪，類似於初創企業需要巧妙地在競爭的夾縫中前行。如果創業者對市場風浪的判斷失誤，即便他們不斷地進行着調整也依然不可避免地面臨被市場淘汰的命運。

與歷史悠久的大型企業不同，初創企業必須在複雜多變的行業市場中開展正確的變革。創業者作為企業的船長需要結合實際情況，不斷調整戰略方向和整合資源，積極地發揮企業的特長和競爭力，以確保企業在激烈的市場競爭中得以生存和發展。

同樣的道理，創業者的領導力必須隨着初創企業的變革而不斷演進。這正是現代領導力與管理之間的一個顯著區別，表現在管理更側重於維持現狀和穩定性，而領導力則更強調創新和變革。如果創業者只停留在傳統的管理職責層面而不跟隨公司的發展進行創新，那麼公司的競爭力最終可能會因為創新能力不足而停滯不前。

創業者需要成為一名變革型領導者，首先自身需要具備創新思維和行為。變革型領導力的體現在於能夠引導團隊接受和適應創新所帶來的變化。例如，如果現在提供給人們的是早期無法上網的傳統型手機或IBM8086/8088 電腦，顯然這些過時的科技產品會影響人們的情緒和工作效率。用戶自然更傾向於接受技術變革帶來的便利和功能的提升，因而企業也應該積極回應技術升級。

人們在技術變革和管理變革之間的態度往往是不一致的。儘管技術變革由於帶來便利和滿足感而更容易被人們接受，但是管理變革對企業的長期發展同樣重要。領導力變革，尤其是聚焦於戰略、結構和文化方面的變革往往不如技術變革那樣受到員工的歡迎。一些員工可能更傾向於沿用過去的管理方法，即使這些方法已經陳舊或者低效率。如果企業所處的組織環境不重視創新，體制傳統化，文化保守化，即使變革者具備出色的領導才能，他們也將難以實現變革以及在企業中取得顯著的成效。

即使是表面上能夠抵禦大風大浪的大公司，如果無法適應變革同樣會面臨衰落的風險。中國古典名著《三國演義》中的赤壁之戰就是一個典型例子。作為強勢一方的魏國曹操為了使戰船能夠抵禦更大的風浪，用鐵索將船隻連接起來，結果看似穩固卻因缺乏靈活性，而在弱勢方的火攻面前變得異常脆弱。這個故事告訴我們即便是看似強大的企業，也可能因為無法適應突發事件或變革的潮流而遭遇失敗。因而創業者需要不斷地審視和調整自己的領導方式，以適應不斷變化的市場和技術環境。這不僅涉及到對組織結構和流程的調整，也包括對企業文化和價值觀的塑造，以及對團隊成員能力的提升和激勵。

由此而言，創業者作為變革的推動者，需要具備前瞻性的視野、勇於創新的精神和堅定的執行力，引領企業在變革中不斷前行。創業者擔當變革職責應該包含以下幾類角色：

表 5-3　領導力的變革角色

問題解決者	領導者應該多觀察、多思考，關注存在的或者潛在的問題，核心是解決問題。
武器提供者	領導者需要將變革與創新變成自己的武器，傳送給企業的每一位員工，告訴他們在競爭中獲勝才是唯一出路，而最成功的防守就是進攻。
差別建立者	領導者意識到競爭的成功來自於與眾不同，甚至去反抗傳統趨勢，如何將自己的優勢發揮到極致，企業產品將會異於眾人而泰然處之。
權衡分析者	創新機會與節省成本往往呈負相關關係，領導者必須專注於自己在不同情景下的選擇，但不能選「不選擇」。

（續上表）

方法引領者	領導者促成變革需要引領每一位員工並知道他們應該做甚麼、如何做。創新不會永遠根植於單一做法或者單一工具中。
組織創新者	領導者歡迎來自於不同的管理方法建議和觀點，也清楚不可以盲目模仿他人，他們需要不斷挑戰現有制度和方法以尋找新的組織創新方式。
人才狩獵者	變革需要更多的人才，優秀的戰略計劃、技術發展、管理體系都離不開人才的加盟，通過人才的補足和精益求精才能建立最佳資源。
文化宣導者	公司的創新能力如果沒有正確的文化指導也會受阻，需要領導者避免「大公司」文化。注重自己的決策與言行，宣導內部融洽但極富競爭力的創業文化。

領導力的變革職能是為了建立一個能夠不斷自我更新和進步的創新型組織。創新本身就是一種深刻並且獨特的變革活動，它要求與眾不同的思維方式和行動策略。變革者必須體現出創新的本質，通過引入創新來改變生活和工作的方式以應對創業過程中的巨大挑戰。

變革型領導力的實施和成功很大程度上取決於創業者的個人特質。當創業者面對挑戰時的態度是充滿興奮還是感到畏懼呢？這將在很大程度上影響他們的決策和行動。因為興奮可以激發出創業者的積極性和創造性，而畏懼則可能導致創業者的猶豫和錯失機會。

並非所有的創業者都能成功地實現變革目標。成功的變革需要創業者具備以下特質：

- **遠見卓識：**能夠預見行業趨勢和未來的機會。
- **勇氣和決斷：**在面對風險和不確定時，敢於做出決策。
- **適應能力：**能夠靈活應對變化，從失敗中學習並快速調整策略。
- **激勵能力：**能夠激發團隊的潛力，引導他們共同面對挑戰。
- **持續學習：**對新知識、新技術和新方法保持開放的態度，不斷學習和成長。

因此，變革型領導力要求創業者不僅要在戰略層面上進行思考，還要在實際操作中不斷地推動創新和改進。這需要創業者具備強烈的內在動力和對創新的深刻理解。

5.3 創業領導力的多樣性和個性化

領導力是否具有共性是許多研究者喜歡探討的主題。他們試圖發現不同領導力模型的共性，研究能否將領導力理解和應用在不同的環境和情境中。在講授領導力課程時，教師可能會經常分享各種理論和適應不同環境的領導力方法。這些知識對於學員理解領導力的概念是非常有幫助的。然而，如果將這些理論或模型直接複製到企業發展的某個階段卻並不總是可行的。

首先，每位創業者都是獨一無二的，他們的性格和特質差異導致了領導力風格的多樣性。所以不存在一種統一的領導力模式以適用於所有的創業者。領導力也並非天生的，正如創業者也不是天生的一樣。每個人都有潛力根據自己的特質形成自己獨特的領導力風格。

要想發揮有效的領導力首先要做好自己，創業者應該儘可能地做一個真實的自己。創業者可以從他人那裏學習領導力，卻不必故意去模仿任何人，任何模仿都不具備可持續性，做真實的自己與領導他人並不矛盾，關鍵在於創業者願意包容的範圍，在一個沒有包容和缺乏和諧的環境下，任何人都可能感到不適。如果創業者在展現真實自我時發現自己被不喜歡的人和環境所包圍，甚至可能開始厭惡自己為甚麼處在了這樣的一種環境當中時，那麼他很難發揮真正屬於自己的領導力，更不用説通過領導力取得創業成功。相反，如果創業者試圖通過模仿他人來虛偽地實施領導力，他們可能會逐漸失去自我，或者扮演他人眼中的「好」形象，或者在公眾面前扮演了一個不真實的自己，最終可能導致自己陷入困境而無法自拔。

真正的領導力來源於自我認知和自我實現，創業者應該深入了解自己的價值觀、優勢和局限性。他們通過自我認知可以發展出與自己個性相符的領導風格，這種風格更自然、更具有説服力、更能激發團隊的信任和追隨。當創業者以真實的自我為基礎建立領導力時，他們更有可能吸引志同道合的人，以建立一個富有凝聚力和創新精神的團隊。這種領導力風格能夠激發團隊成員的潛力，推動企業向着共同的願景出發。

作為一名創業者，首先要認識到自己的真實感受，找到自己熱愛的事業和人群，並在這個基礎上施展領導力。這樣的熱情是完成創業使命和實現願景的關鍵。事實上，對於創業者而言，創業是為了做好適合自己的事情，並找到與自己領導力風格相匹配的業務領域，因此創業者應根據自己的使命和願景建立屬於自己的領導力並搭建一個自己真正熱愛的團隊。通過做真實的自己，創業者可以更主動性地去領導他人，以便完成與自己特質和領導力相符的創業行為。

其次，一定要認清領導者需要具有管理者的職責，但管理者不一定能夠成為領導者。因此，創業者必須要突破管理者的職責框架，進一步將自己打造成為一名真正的領導者。在現實過程中，管理者與領導者具有四方面的差別，(1) 管理者強調的是計劃與預算，制定具體的排程和分配所需要的資源；而領導者則需要確定企業未來的長遠方向，制定如何改變現實的目標策略。(2) 管理者在組織管理中只需要按照計劃要求進行人員的配備，制定有效措施幫助指導員工和把握工作進度；領導者則通過語言和行動與下屬溝通以激發員工創造力，同時接受他們的合理化建議。(3) 管理者需要對企業每一個環節進行密切的監控，以便找出偏差與問題並積極解決；領導者則需要通過鼓舞和激勵手段來滿足下屬真實的需求以及發揮他們的創造力。(4) 管理者需要確定可以預見和操作的標準，用來保持企業按照標準正常發展；而領導力往往體現在高程度的變革，尤其是那些創新的變革。

再次，在對創業領導力的重新理解中，創業者如何通過學習型組織的文化來促進自我成長至關重要。在觀察了許多初創企業發展的案例以後，許多研究者會發現一些創業者能夠隨着企業的發展而快速成長，而另一些創業者可能成為企業發展的瓶頸甚至被投資人替換。以上現象的問題核心在於創業者是否在整個創業過程中具有不斷地自我學習和自我提高的能力。有些人可能通過學習得以迅速成長，有些人可能滿足於暫時的成功而錯誤地認為自己無可匹敵，最終往往以失敗而告終。

創業者需要培養學習型組織的文化以及不斷提升自我成長的能力。這不僅包括對行業知識的學習，還包括了對管理和領導技能的提升。創業者通過持續學習可以更好地適應市場變化，以及引領企業的創新和成長。創業者需要認識到持續成長是創業成功的關鍵。他們應該保持謙虛和開放的心態不斷去尋求新的知識和經驗。創業者通過建立學習型組織進而鼓勵企業員工之間的知識分享和相互學習，最終才可以構建一個更加強大和有競爭力的組織機構。

最後，創業者需要明白失敗是成功之母，面對困難的堅韌性和適應性在領導力方面體現得尤其重要，在創業者學習如何創業時，不必過分沉迷於一些著名企業家成功的領導力，因為每一名成功者都有其獨特的特質和情境，創業者是無法複製他們的成功過程的。事實上，最好的領導力成長方式是從失敗中學習。失敗的原因往往有許多共性，當創業者學會了如何去避免失敗，實際上就已經接近成功了。

許多創業者的第一次創業都可能失敗，但是他們能夠從失敗中吸取教訓，最終通過不懈的努力取得成功。例如，中國商業史上極具傳奇色彩的一個案例就是史玉柱的創業故事，史玉柱於 1989 年創立了巨人公司，他憑藉 M-6401 桌面文字處理系統等產品賺得了人生的第一桶金。1992 年，巨人公司已經躍升為中國電腦行業的領頭羊，史玉柱也因此獲得了諸多的榮譽。但是好景不長，在史玉柱決定建造一棟數十層高的巨人大廈後，由於他對公司盈利能力的過分樂觀估計，以及他對「零負債理論」的堅持，最終導致公司資金鏈斷裂，巨人集團由此陷入了巨大的財務危機，巨人大廈也成為了一座不折不扣的爛尾樓，史玉柱個人負債高達 2.5 億元。2000 年，史玉柱再度創業，他積極地開展了「腦白金」業務並且大獲成功。2003 年，史玉柱進軍網路遊戲行業，公司在 2007 年成功登陸美國紐約證券交易所，融資額達到 10.45 億美元，成為了在美國發行股票規模最大的中國民營企業之一。史玉柱的故事告訴了眾多的創業者，失敗是成功的前提，是成長的必經之路。失敗可以讓創業者得到真正的成長，同時發現自己的不足，以避免在未來的創業過程中重蹈覆轍。創業者通過對失敗的總結，可以學會如何更好地管理風險；如何更有效地領導團隊；以及如何在挑戰面前保持堅韌和適應性。

總結而言，創業者首先要做真實的自我，認清作為領導者的職責是甚麼，學會面對失敗，勇於承認並接受失敗。重要的是不要將失敗歸咎於外部因素，而是要從自身尋找問題所在。在成長的過程中，創業階段的領導者需要不斷地進行反思和複盤。例如，創業者是否可以在一次會議後，進行以下問題的思考：「今天的談話感覺如何？達到了甚麼效果？哪些地方做得好？哪些地方做得不好？為甚麼做得不好？有哪些可以改進的措施？」通過這樣的自我提問和反思，創業者能夠不斷地學習和成長，積累寶貴的領導力經驗。

除此之外，謙虛的學習態度和不斷的自我提升，能讓創業者逐漸形成對創業經驗的深刻理解。這種積累是通往成功之路的關鍵。只有不斷地從經驗中學習和從失敗中吸取教訓，創業者才能逐步提升自己的領導力；才能更好地應對未來的挑戰。創業者需要培養成長型思維，相信自己的能力是可以通過努力和學習來提高的。這種思維方式能夠幫助創業者在面對困難和失敗時保持一種積極的態度，持續地尋找改進的方法。

第 6 章

制定適當的創業戰略

學習目標

通過對本篇的學習，您將了解到：

1、理解初創企業使命與願景的內涵與重要性。

2、創業者如何建立適當的創業目標，創業目標具有哪些戰略意義？

3、如何對初創企業的戰略規劃進行測試，以保證其符合企業的實際情況以及目標達成度？

4、創業者如何具體實施戰略規劃，以達到最終的戰略目標？

5、通過對企業發展歷程的思考，探索創業者如何建立不同階段的競爭戰略框架。

6、從創業的角度對企業戰略進行重新的審視與思考。

引入案例

作為攜程網的創始人之一，季琦帶着對酒店行業的深刻理解離開了攜程，不久後他創立了如家連鎖酒店品牌，這一舉措標誌着他開始專注於經濟型酒店市場的創業之路。然而，季琦並沒有因為如家酒店的成功而滿足，他敏銳地洞察到市場對商務型酒店的新需求。在 2006 年，憑藉這種敏銳的市場嗅覺，季琦又繼續創立了新的酒店品牌 —— 漢庭連鎖酒店，新的酒店致力於為商務旅客提供更高品質的住宿體驗。

季琦的戰略計劃清晰而宏偉：他立志打造一個覆蓋不同市場需求的酒店帝國。他通過精確的市場定位和有效的戰略執行，引領了漢庭酒店的迅速擴張，使酒店不僅在中國市場佔據了重要地位，更是在 2010 年成功登陸美國納斯達克，成為了業界的領軍企業。

季琦的成功既源於他超凡的商業洞察力，更歸功於他的戰略規劃能力。他深知在競爭激烈的酒店行業中要想脫穎而出，就必須制定一份清晰的戰略目標，並以高效的執行力確保其戰略目標的實現。季琦通過對市場持續的調查和深入的分析，制定了順應市場趨勢的發展戰略，酒店通過優化管理流程、提升服務品質、加強品牌建設等措施，確保了戰略計劃的有效執行。

在戰略規劃的過程中，季琦展現出了不同凡響的創新精神。他不斷探索新的商業模式和服務理念，例如，酒店持續推出個性化服務、利用科技手段提升消費者體驗等，這些都為酒店快速的發展提供了強有力的支撐。

季琦的創業故事告訴我們，一個有效的戰略計劃結合堅定的執行力和不斷的創新精神是創業成功的關鍵。正是這種不斷創新和優化的戰略管理模式，使得漢庭連鎖型酒店實現了從無到有，從小到大的華麗轉變，成為了中國連鎖酒店行業的一個標杆。

創業戰略要求創業者精心規劃一條新的道路，這條道路始於創意思維，經過識別創業機會，合理配備資源，最終達到創業目標。創業者需要通過差異化的運營活動，有目的性地選擇一條與其它企業不同的路徑，以創造出獨特的價值組合。

創業者不應該追求企業制定的戰略遵循教科書一般的過程，但似乎所有傳統型企業都遵循着相似的規律或經歷。事實上，每家公司的創業和發展路徑都是獨一無二的。即便是在同一行業內的競爭者，諸如華為、蘋果、三星、小米等智能型手機製造行業的領導者，它們的發展過程也是各不相同的。這些公司的使命和願景也各異，戰略目標的設定和發展路徑也不同，組織結構和演變也各有千秋。

由此可見，一項針對某個企業非常有效的戰略方案可能對另一家企業並不一定適用。創業者在考慮創業戰略時，必須認識到與自身特點相適應的方案才是適用的。

在建立創業戰略時，創業者首先需要明確自己的使命和願景是甚麼，據此設定當前的企業發展目標，創業者需要繼續評估達到這些目標可以採用哪些戰略規劃。他們最終需要評估和執行實施戰略所需的資源，以及如何有效利用這些資源。結合以上三個步驟，創業者在制定有效的創業戰略時，必須具備看清基本和全局形勢的能力，然後再逐步過渡到細節方面，最終形成一套符合本企業特徵的有效創業戰略。

6.1 創業的使命與願景

在創業者着手實施其宏偉的創業戰略之前，他們首先需要構畫出一幅未來的藍圖，並且明確兩項基本的理念：使命和願景。對於企業而言，這兩項理念就像人的靈魂一樣不可或缺。如果企業在發展過程中無法確定自己的使命與願景，就如同失去了靈魂而難以持續發展。

6.1.1 創業使命

與具體的戰略目標不同，在戰略形成的早期階段，企業的使命可能只是提供一個總體的推進方向而無法進行詳盡的闡述。使命可能不具備直接的可操作性，但是它為制定戰略提供了一個總體的框架，並能夠影響員工的態度和期望。有時，使命也可以被稱為企業的構想，這個構想需要在未來轉化為一套具有可操作性的指導方針，即戰略。

使命的制定可以分為兩個步驟：撰寫企業總使命和使命分解。撰寫總體使命是在確定了企業的業務屬性後，編製企業在該行業存在意義的陳述，它可以包括產品品質、目標市場、消費人群等要素。例如，一個生產飲料的企業可能陳述以下使命：

- **使命 1：**我們要為注重健康、精力充沛的消費者提供最具營養的高能量飲料。
- **使命 2：**我們為青少年消費者提供色彩鮮明、氣泡豐富且外包裝獨特的流行性飲品。

在企業總使命的基礎上可以進行使命分解，將總使命修改並且應用到各個組織部門。例如，某公司相關組織部門的使命可以做以下陳述：

- **安全部門的使命：**時刻警惕，做好安全防範措施，並穩妥地保護公司員工的安全。
- **人力資源部門的使命：**發現和培養卓越的員工，打造高效的工作團隊，使每名員工都發揮其最大潛能。

總結而言，一個適合本企業使命的宣言需要具備以下特徵：(1) 符合組織所屬的行業。(2) 能夠被員工清楚地領會。(3) 提供工作的核心和方向。通過對使命的明確，可以引導企業在競爭激烈的市場中穩健前行，實現初創企業的不斷成長。

6.1.2 創業願景

企業的願景來源於對未來發展圖景的預測和設想。創業者在面對行業未來趨勢的預判以及市場預測時需要進行深思熟慮，這包括評估當前狀態與未來可能狀態之間的差異，以及預測實現未來狀態需要進行哪些關鍵性調整。雖然預測本質上存在不確定性，但是科學地依據市場趨勢、市場情報、消費者需求等因素進行詳盡的預測是減少誤判的關鍵。

通過對企業未來圖景的預測，反映出創業者對其組織的期望和目標。雖然願景可能永遠無法完全實現，但是它始終指引着企業發展的方向。例如，某家互聯網企業的願景可以定義為「將企業打造成為中國乃至世界一流的互聯網資訊提供者」，以上代表着企業的理想和未來期望的發展方向。因此，設置企業的願景類似於登山，攀登得愈高，則視野愈廣闊。同樣，企業的願景如果愈宏偉，則要求創業者的預測水平就愈高。因為新預測的高度和視角可以揭示企業的新優勢和新潛力。

有效的創業願景應該具備啟發性、前瞻性、指導性、可持續性。願景與戰略需要緊密相連。願景展示了企業的長期理想，而戰略則是為實現這些理想而做出的具體計劃和行動。創業者需要將企業願景逐步轉化為可執行的戰略，通過為初創企業不斷地設定階段性目標和實施計劃，推動企業目標向實現邁進。

6.2 創業目標

一旦創業者根據企業的實際狀況確立了使命和願景，接下來的關鍵任務是設定清晰的創業目標。因為假如企業沒有明確的目標，使命和願景則可能會變得空洞甚至被員工所忽視，因此，創業者必須確保所設定的目標能夠成功地通向使命，並推動企業向未來的願景邁進。

制定目標是一個考量企業過去和當前狀態以及市場機遇的過程。一個可行的、現實的目標不是一成不變的，而需要根據市場和組織內部的回饋進行動態化的調整。這個動態過程必須與有效的回饋機制相結合，創業者需要通過科學地分析市場、行業和組織內部的各種資訊來不斷地調整目標。不同的目標之間必須同時保持一致性，以確保它們相互支持而不是相互抵觸。

例如，假設一家公司設定了以下三項子目標：

1. 使所有產品的市場份額提高 6%。

2. 將成本總體降低 5%。

3. 使員工離職率降低 5%。

單獨來看，每項目標都有可能達成。然而當同時考慮這三項目標時，創業者可能會發現它們難以同時實現。這是因為提高市場份額通常需要更多的資源投入，諸如人力資源、設備和廣告的投入可能會增加成本。同時，為了實現市場份額的增長，可能需要員工承受更高的工作強度，這樣做可能反而會增加離職率。因此，創業者在制定目標時需要充分考慮目標之間的平衡和協調，在一段時間內，同時實現多個相互衝突的目標是具有挑戰性的。因此，創業者需要識別和解決這些潛在的衝突，並通過優先排序和資源合理分配來實現目標的協調。除此之外，創業者應該準備好根據實際情況的變化而不斷調整目標。市場環境的變化、技術的進步或組織內部的發展，都可能要求對目標進行重新評估和調整。

創業者應儘量將目標量化，因為量化的目標更容易被衡量和評估，量化目標提供了清晰的標準使得團隊能夠明確地跟蹤進度和成果。例如，可以採用目標投資回報率或者績效優良率等指標，進行目標的量化評估。然而，許多企業也會設定一些不易量化的目標，諸如生產高品質的產品，或者建立和諧穩定的員工隊伍。這些目標雖然重要但是難以直接衡量目標達成的程度。因此，創業者在設立目標時應遵循 SMART 原則，確保目標具有以下特徵：

- **具體的（Specific）：**目標要明確無誤不含糊。
- **可衡量的（Measurable）：**能夠通過某種方式進行量化。
- **可實現的（Achievable）：**在當前資源和能力範圍內可以達成。
- **現實的（Realistic）：**與企業的實際能力和市場環境相符。
- **有時間限制的（Time-bound）：**有明確的完成時限。

在遵循 SMART 原則的基礎之上，創業者可以將目標分為總目標和子目標。總目標定義了企業的整體方向和願景，可以包含一些非量化的指標。總目標對於企業計劃的制定和執行具有指導性作用。例如，某企業的總目標可能是「實現股東財富價值的最大化」。

將企業總目標轉化為一系列子目標是實現總目標的關鍵步驟。在設定子目標時創業者需要向各級員工清晰地説明這些目標的合理性、一致性和實現性。在實際操作中，不同部門可能對同一子目標有着不同的需求和期望，這就需要對各部門進行協調和平衡。例如，在存貨管理方面，市場部經理可能希望有足夠的存貨來迅速回應消費者需求，而生產部經理可能更傾向於根據實際需求調整生產和庫存，財務部經理則關注如何通過庫存的優化管理降低成本。因此，關於庫存的子目標很顯然會由於不同部門的立場角度不同而產生矛盾。在這種情況下，創業者應當通過溝通和協商，確保各部門的目標與企業的整體目標保持一致。這可能需要創造性地解決目標的矛盾問題，諸如：通過靈活的供應鏈管理來平衡存貨水平，或者通過技術創新來提高生產效率和降低成本。

6.3 戰略規劃的測試與優化

在初創企業確立了與其規模和性質相匹配的目標之後，創業者接下來的任務便是制定一份詳盡的行動計劃，以期實現這些戰略目標。對於處於初創階段的企業來説，戰略規劃實質上就是其宏觀意義的商業計劃。在前面章節中，我們已經對如何為一家初創企業設計一份恰當的商業計劃書進行了深入的探討。

正確的戰略規劃是企業成功的基石。一個擁有戰略規劃的企業能夠應對包括人事、控制、領導力在內的多種挑戰。但是即便是擁有了完善的人事、控制和領導力體系，也依然無法彌補戰略規劃可能帶來的失誤。

因此，一旦創業者完成了戰略規劃書的編寫以後，接下來的步驟就是對其進行一系列的測試，以確保企業戰略具備可行性和有效性。

6.3.1 戰略的明確性與一致性

戰略的有效性首先取決於其是否存在明確性。如果一個初創企業的戰略無法為公司指明清晰的方向，那麼這個戰略的存在就失去了其應有的意義。因而，創業者所制定的戰略需要與個人的創業夢想、公司的使命、願景和目標保持一致。除此之外，戰略還應與公司的消費者群體、地理分佈、技術水平和組織結構等因素緊密結合，為初創企業指明發展方向。

戰略的制定不僅要描述初創企業如何吸引和引進人才與其他資源，還應該具體說明採取哪些具體措施來實現目標。一個有效且明確的戰略應該是簡潔明了的，並且能夠被企業全體員工乃至利益相關者所理解，創業者同時需要識別並排除那些雖然具有吸引力，但可能會消耗公司寶貴資源的項目或投資。例如，在某些高科技企業中，研發的重要性不言而喻，但是研發的成功將可能需要巨大的人力資源和財務資源投入，企業同時還要承擔研發失敗的高風險。因此，創業者在制定戰略時應該避免那些可能使公司資源枯竭的高風險研發項目。

除此之外，戰略如果過於寬泛或者幾乎涵蓋了所有方面，就會失去其指導意義。例如，如果一家帳篷生產廠將自己的戰略定義為「打造休閒與娛樂業務」，這種定義就顯得過於寬泛了，結果可能會導致公司涉足與主營業務無關的領域，諸如旅行社或電影公司等。因此這樣的戰略設置缺乏針對性，並且無法為公司提供明確的方向。相反，如果將公司定位為高端高品質戶外裝備提供商的話，這樣的戰略設置則更為具體，並且能夠為公司的發展提供清晰的方向。它不僅有助於公司集中資源和精力吸引目標消費者，同時還能夠在市場中建立起明確的品牌形象。

因此，一個明確且具有一致性的戰略對於初創企業的成功至關重要。它不僅要與企業的長遠目標相匹配，還要被利益相關者所理解和接受，同時避免資源的浪費，並為公司的未來發展提供清晰的指引。

6.3.2 戰略的利潤回報與競爭優勢

一旦創業者確立了企業的戰略方向，接下來的任務是評估這些戰略是否能夠帶來足夠的利潤回報，以及是否能夠實現預期的增長。如果經過一段時間的運營後，創業者發現戰略未能帶來期望的經濟成果，則應該深入地分析原因，並追問自己幾個關鍵的問題：

- 我們的競爭優勢是甚麼？
- 我們的產品與競爭對手相比如何？
- 我們的價格是否具有競爭力？
- 我們的成本結構是否比競爭對手更低？

通過這些問題的探討，創業者可以更清晰地判斷為何企業的利潤未能達到預期。然而，許多創業戰略在現實中並非能夠被理想化地體現出來。在創業初期，如果面臨經營困難，創業者僅僅依靠努力工作來扭轉局面的可能性是微乎其微的。正如小貓永遠無法通過努力工作變成獅子一樣，創業者可能會發現市場上有更多比自己還要努力工作的競爭對手，而且創業者的業務可能因為種種困難而難以獲得外部融資或吸引優秀人才。

在這種情況下，創業者可能無法享受到他們期望的發展目標，企業也可能因此而持續虧損或經營困難，因此，陷入這種困境的創業者需要迅速地採取行動。他們可以選擇開啟一個新的事業，或者在現有的領域內尋找創新的方向。創業者如果不及時地採取果斷的措施，也許只能繼續苦苦支撐一個虧損的企業。有的創業者寄希望於某一天能夠獲得一個大訂單，或者有投資人願意收購他們的企業來實現翻身，這些想法往往是不切實際的。在這種情況下最好的選擇可能是通過關閉企業來及時止損，以避免進一步的損失。

因此，創業者在制定戰略時必須考慮其能否帶來足夠的利潤回報，並確保企業是否具有競爭優勢。在面臨經營困難時，如何及時採取行動尋找新的發展方向是避免長期虧損和企業失敗的關鍵。

6.3.3 戰略的可持續性與創新

創業者在制定戰略時必須要考慮到其長期的有效性，即戰略是否具有可持續性，這一點對於依賴於技術創新的創業者而言尤為重要。成功的創業者往往能在一個尚未飽和或者全新的市場中發現商機，並在競爭對手尚未構成威脅時迅速佔據市場。但是隨着市場逐漸飽和，那些未能建立起獨特競爭力或者確立競爭地位的企業可能會面臨困境。因而，創業者需要預判市場飽和競爭加劇的時間點，並相應地調整戰略。

創業者應該避免採用同質化的商業計劃去設定戰略，而發展具有差異化的商業計劃可以為企業尋找到更多的發展機會。創業者需要明白的是許多機遇並非可以被動獲得，而是需要通過主動的創造來抓住。那麼創業者又將如何主動發現新的商機呢？事實上，通過觀察、訪談、調查問卷等手段，創業者可以發現顧客在使用產品或服務時所遇到的不便之處，即所謂的「痛點」。然後，創業者可以思考並提出解決這些「痛點」的方案，最終為顧客提供更加方便、滿足預期需求的產品或服務，從而為初創企業創造出新的戰略規劃機會。

在制定可持續性戰略時，創業者還需要注意的是：即使他們曾經成功地開創了事業，也不意味着能夠永久地維持。在產品技術壁壘不高的情況下，模仿者或者跟隨者可能會迅速擊敗創業者。例如，快捷酒店商業模式的興起吸引了大量從業者的跟隨和仿效，導致了市場從幾乎沒有競爭的「藍海」市場迅速轉變為競爭激烈的「紅海」市場。

如何防止競爭對手的模仿呢？創業者在戰略規劃中應該考慮到，如何融入獨特和附加的功能以提高模仿的難度。一個具有吸引力的產品線系統、完善和迅速回應的物流系統、強大的銷售網路資源以及周到的消費者售後服務的綜合體，往往是難以被輕易複製的。這樣的戰略不僅能夠保護創業者的市場地位，還能夠持續吸引和滿足顧客的需求。

因此，創業者在制定戰略時應該充分地考慮其可持續性，通過不斷地創新以適應市場的變化。創業者須通過主動創造機遇、解決顧客「痛點」，以及建立難以模仿的商業模式，進一步地確保其戰略的長期有效性，從而實現企業的持續發展和成功。

6.3.4 對戰略的保守性與激進性評估

在確定了戰略計劃之後，創業者必須衡量這一計劃是否適合企業的健康發展速度，例如，初學騎自行車的人需要控制速度恰到好處。騎車過快或者過慢，都有可能會導致學車人失去平衡甚至跌倒。同樣的道理，正確的成長速度對企業至關重要，它決定了企業能否在競爭激烈的市場中穩健前行。為了確定合適的成長速度，創業者需要綜合考慮以下因素：

- 企業自身的規模、業務範圍和消費者群體狀況。
- 企業自身的競爭力和運營能力。
- 來自競爭對手的威脅程度。
- 企業資源的充足性和配置的合理性。
- 消費者對企業產品品質的容忍度。
- 創業者自身的性格特點和對風險的接受程度。

在充分考慮了這些因素之後，創業者應該重新評估當前的戰略設定和目標達成的時間表是否合理。一個激進的計劃可能會導致企業資源過度消耗，從而令企業陷入困境，甚至可能面臨破產的風險。相反，一個過分保守的計劃可能會錯失市場機遇，而導致企業在競爭中落後，最終可能被市場所淘汰。

創業者需要在保守與激進之間尋找到一個平衡點，以制定一個既能夠推動企業成長又不至於使企業面臨過大風險的戰略。這需要創業者具備深刻的市場洞察力、準確的自我評估能力，以及靈活的戰略調整能力。

6.4 戰略規劃的執行與評估

創業者制定好戰略規劃後，測試與優化只是成功的第一步。戰略的關鍵在於執行。創業者需要將戰略目標和計劃轉化為實際行動，以確保每一步都朝着既定方向前進。然而並非所有的創業者都能夠成功地執行戰略規劃。在許多情況下，創業者即使擁有一份出色的商業計劃書，如果缺乏在企業內外的有效執行，最終也難以取得預期成果。

創業者在執行戰略規劃的過程中可能會面臨各種挑戰，例如，初創企業可能為了迅速擴大市場的規模，會加快研發投入或者購買大量的固定資產，雖然這些行動有助於實現戰略目標，但是同時也可能導致現金流緊張。在擴大經營的過程中，如果銷售未能達到預期或者應收賬款過多，初創企業可能會面臨資金枯竭的風險，甚至導致快速破產。因而創業者在執行戰略時需要平衡短期行動與長期目標，以確保每一步都符合企業的財務狀況和市場環境。同時，創業者還需要建立有效的監控和回饋機制，以便及時發現問題並進行調整。

戰略規劃的成功執行需要創業者具備強大的資源獲取能力、組織能力和個人領導力。通過不斷評估和提升這些能力，創業者可以更有效地實施戰略規劃，從而提高創業成功的可能性，否則任何好的戰略都將是一紙空文。

6.4.1 資源獲取能力的考量

對於企業而言，資源獲取能力是其生存和發展的基石。資源不僅包括內部的人力資源，也包括外部的消費者資源。資源獲取能力主要體現在以下幾個關鍵要素之中：

首先，初創企業吸引關鍵人才的能力至關重要。在創業初期，創業者往往需要通過親力親為來承擔多項關鍵職能。隨着企業的發展，創業者需要更有信心地去招募發展中的關鍵人才。此時，公司的吸引力和為個人帶來的潛在回報成為了吸引人才的關鍵。雖然創業公司可能無法提供與國際化大公司相媲美的薪酬標準，但是創業者可以採用提供股權、期權、績效獎勵金等多樣化的激勵方式來增強對人才的吸引力。除此之外，企業提供職位晉升機會、免費培訓和進修機會，也是留住和激勵關鍵人才的有效手段。創業者甚至可以考慮是否引進比自己更優秀的職業經理人來管理公司，以推動企業向更高層次發展。

除了內部資源，創業者還需要考慮如何從外部獲取資源，在初步執行戰略時必須明確自己的目標消費者，這包括基礎起步消費者和未來需要發展的潛在消費者。創業者同時還需要考慮如何從外部獲得融資支持。例如，在創業初期，創業者可能需要向親朋好友借款、向銀行申請貸款，或者利用自有資金啟動企業等方式來完成首筆融資。然而，為了建立一個可持續發展的企業，創業者還需要尋找到更多的多元化資金來源，如天使基金、風險投資等。因此，創業者需要不斷地提升企業的融資能力，以確保足夠的資金支撐企業的戰略擴張和運營。創業者需要認識到在組織建設和發展方面的投資對於增強企業戰略實力的重要性。企業投入這些資金可以建立起更加穩固和高效的組織體系和運營流程，為實現戰略目標提供堅實的資源基礎。

資源獲取能力是企業成功的關鍵。創業者需要關注如何吸引和保留關鍵人才、明確目標消費者、尋找融資渠道等方面，以便確保企業能夠獲得充足的資源，利用充分的內外部資源，來支持其戰略的順利執行和長遠發展。

6.4.2 提升戰略執行力的策略

戰略規劃的執行能力是企業「硬實力」的體現，它在很大程度上取決於企業所掌握資源的雄厚程度。在資源保障的基礎之上，創業者可以根據實際情況，設定符合企業現實的目標和戰略。大多數創業者可能都會懷有一個宏偉的目標：建立一家有競爭力的大企業，通過資源分享來實現規模經濟效應，以便快速成長並提升競爭力，從而最終實現企業的上市。為了達成以上的宏偉目標，創業者需要採取哪些執行措施來增強目標的實現可能呢？

首先，創業者需要構建一個科學的組織體系和運營流程。一個符合實際需求的組織能夠促進企業的健康發展，它可以為企業帶來有效的控制體系、完整的決策程式、清晰的員工職責等。企業在發展過程中需要不斷地自我審視和改善，靈活修正組織在發展中出現的不適性。以便讓企業在經營中抓住機遇並且見機行事。創業者在組織體系設計中，需要考慮任務權力的下放層面和大小，確保各級員工擁有適當的自主權，以提高決策效率和回應市場變化的能力，通過加強任務實施的專業化，以確保每項任務都能由具備相應專業能力的團隊或個人來完成，從而提高整體的執行效率和品質。

其次，創業者需要記錄好戰略執行過程中的成長軌跡。無論創業者對企業未來的規劃如何，是計劃上市還是出售，企業設計的任何一種結局都需要在戰略執行過程中詳細記錄其成長歷程。這包括準確的財務資料記錄、企業內部控制記錄等關鍵資訊。這些記錄不僅為創業者提供了執行過程中的反思依據，同時還能幫助他們分析和理解企業成長的實際狀況。例如，在一段時間內的戰略執行後，某初創企業發現成長速度未能達到預期或者新產品研發出現延遲，成長記錄可以幫助他們深入分析原因。他們可以反思這是否因為過多的規則和控制限制了員工的創造力和自我驅動力所導致。企業是否應該給予員工更多的自由度來執行他們的職責，同時保持財務管理和控制的緊密性和集中性。

最後，增強戰略執行力還需要不斷地發展和塑造企業文化。企業文化對員工的個性和氣質有着深遠的影響，它能夠填補企業正式規章制度無法覆蓋的管理空白。例如，如果一個企業的文化強調開放、團結和包容，那麼那些傾向於獨立工作的「獨狼」型員工可能不太適應這種文化，而外向型員工則可能更加容易融入。企業文化的獨特性意味着它無法簡單地從其它企業複製過來，如果創業者忽視了創造和培養企業文化，而只是根據自己的喜好和標準招聘員工，那麼企業文化的形成可能只能依賴於運氣，這些運氣將取決於首批員工的個性和價值觀，假如運氣所形成的企業文化與創業者最初的目標和戰略不一致的話，一旦這種文化建立起來再去改變將會變得非常困難，反而最終可能成為戰略規劃執行的礙障。因而，創業者從一開始就需要重視企業文化的建設，以確保它與企業的戰略目標和價值觀相一致。創業者通過培養一種積極的、支持性的企業文化，可以激發員工的潛力，促進團隊的合作，從而有效地支持戰略規劃的執行和企業的整體發展。

6.4.3 創業者角色的演變與適應

在戰略執行的過程中，創業者的角色並非是一成不變的。對於滿足於經營小型企業，並親力親為的創業者來説，他們可以保持現有的角色，例如，管理一家雜貨店的日常運營，創業者從開店到退休都可能不需要改變任何角色。然而，如果創業者的目標是將企業發展成為一個更加獨立和規模化公司的時候，他們的角色就需要隨着企業發展的不同階段而進行相應的調整。

在角色的扮演當中，創業者需要承擔更多的責任和任務。他們不能在企業發展過程中袖手旁觀，否則將無法實現企業可持續發展的目標。例如，當發現產品技術能力不足時，他們需要推動技術創新；當商業模式不可持續時，他們需要構建新的可持續模式；為了確保資源的穩定供應，他們必須維護好與資源提供者的關係。因此，為了建立一個即使在創業者缺席時也能正常運行的企業，他們需要做更多的角色準備工作。

許多創業者之所以選擇創業是因為他們擁有特定的專業技術，如軟體設計專長、設施維修專長等。但一旦踏上創業之路，他們的角色就將從技術人員轉變為管理人員。他們需要更多地關注商業模式和消費者需求，而非僅僅專注於編寫代碼和維修設備。因此，創業者在評估自己的角色時需要不斷自問，是否在學習新知識和是否在嘗試新的工作職責。例如，擁有技術背景的創業者可能需要學習財務管理、法律知識和商業策略。如果創業者不能持續學習，他們將可能會變得固執和保守，其角色發展也將停滯不前。

創業者應在創業初期就思考是否願意接受變化和學習新的知識；是否願意不斷挑戰自我。因為只有勇於挑戰自我、願意接受新知識的人，才能夠引領公司從初創階段成長為市場領導者。可持續的成功需要創業者不斷去反思企業的發展方向是否與既定目標相一致，而這一切都需要建立在接受挑戰和持續學習的基礎之上。

6.5 競爭戰略框架的探索與應用

在面對激烈的市場競爭時，創業者需要考慮如何動態化地構建一個分階段發展和執行的戰略競爭框架，競爭戰略框架的探索與應用對於確保企業的穩健成長和有效應對競爭具有至關重要的作用。創業企業可以借鑒多種戰略體系，來應對競爭者的挑戰或者促進自身的發展。由於錯誤的戰略選擇可能會給企業帶來災難性的後果，因而，是否能夠形成有規律性的戰略競爭框架，為創業者提供相應的方向性指導，成為了一個值得深入探討的問題。作者將嘗試為創業者提供一個有效的漸進化戰略競爭框架，以幫助他們在未來的戰略競爭中脱穎而出。

6.5.1 專業化戰略

從初創階段開始，不同的企業在發展過程中會根據自身情況選擇不同的戰略體系。企業在成長過程中，經常會面臨外部環境的不確定性和來自於強大競爭對手的巨大壓力。在初期的發展過程中，創業者需要克服各種條件的限制，單純專注於在專業化領域中尋找競爭的差異化和突破點，因此，構建一個具備合理性、前瞻性和動態性的專業化戰略，對於初創階段的企業來說具有重要的借鑒意義。專業化戰略的核心是企業對某一特定行業或產品的深度聚焦。事實上，企業在創業初期往往會專注於單一產品或服務，這類似於一個戰略業務單元（Strategic Business Unit，SBU），其優勢在於集中其所有的技術力量和資源，深化對本行業的理解和產品開發，從而構建起競爭對手難以匹敵的核心競爭力。這種專注使得企業能夠在其選擇的領域內提供高度專業化的產品和服務，以形成獨特的市場定位和消費者價值。

對於一家本土化的初創企業而言，建立清晰的價值體系至關重要。企業的價值體系可以圍繞專業化體系的四個基本要素構建，這些要素包括：

- **分銷：**建立有效的產品分銷網路，確保產品能夠快速地到達目標消費者手中。
- **行銷：**制定有針對性的行銷策略，以提高品牌知名度和市場佔有率。
- **生產：**優化生產流程，確保產品品質和成本效益，滿足市場需求。
- **研發：**投資於研發活動，推動技術創新，為企業的長期發展提供動力。

這些基本要素不僅可以反映初創企業當前的競爭優勢，同時也成為企業未來潛在的增長點。通過不斷地優化這些要素，企業可以在專業化的基礎上實現穩健的成長並為未來的戰略調整和市場擴張打下堅實的基礎。

專業化初創企業的顯著特徵在於它們專注於生產單一產品或提供特定服務。如果將專業化戰略業務單元比作一個「點」，那麼這個「點」由四個關鍵要素構成，如前所述：分銷、行銷、生產和研發。企業通過集中所有的資源和努力致力於優化這些要素，以期望在特定領域內獲得行業的競爭優勢。

圖 6-1　專業化戰略業務單元結構示意

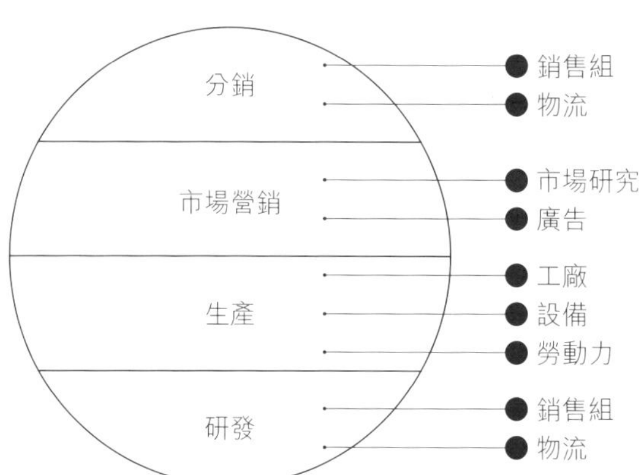

儘管專業化可以帶來深度的專業知識和效率，但它也可能使企業面臨一些較高的風險。因為企業過多地依賴於單一的產品或服務，所以專業化的企業對於市場的波動和外部變化一般較為敏感，表現在「點」內的四個要素中的任何一個表現不佳，或者缺乏競爭力，都有可能削弱企業的整體市場地位。 除此之外，風險還體現於即使初創企業在「點」內的四個要素中都表現卓越，但是如果其所在的產業正處於產品生命週期的衰退階段，也將難以避免最終被市場所淘汰。可以更進一步的思考，如果專業化的初創企業的四個要素不能夠與上下游產業鏈進行有效地對接，則可能會導致供應鏈和分銷鏈的混亂，而最終影響企業的運營效率和市場回應速度。

6.5.2 垂直一體化戰略

為了應對以上所述的這些風險並實現長期的發展，企業在專業化階段之後需要考慮擴展其業務範圍。這可能包括完善與供應商和分銷商的關係，進而建立更完整的供應鏈關係，逐步向垂直一體化戰略架構過渡。垂直一體化戰略側重於通過整合產業鏈的上下游環節，通過創造企業內部的商品和服務交換，以減少對外部市場的依賴和消除市場內過高的成本以及相關的不確定性。這種整合可以提高企業整體效率，並且增強對供應鏈的控制力，以形成企業的成本優勢和市場回應速度的提升。

可以將垂直一體化戰略的產業鏈視為一條「線」，這條「線」可以增強企業對市場變化的適應能力，以及提高抵禦戰略風險的能力。企業可以通過從單一的「點」向「線」的轉變，實現從專業化到垂直一體化的動態架構調整。這種轉變涉及到整合或控制更多的生產和分銷環節，從而提高企業的市場競爭力和盈利能力。通過對企業垂直上下游環節的有效控制，企業能夠在不斷變化的市場環境中始終保持活力，並且儘量降低專業化所帶來的風險。垂直一體化的新架構可以用下圖來表示：

圖 6-2　企業垂直一體化的架構示意

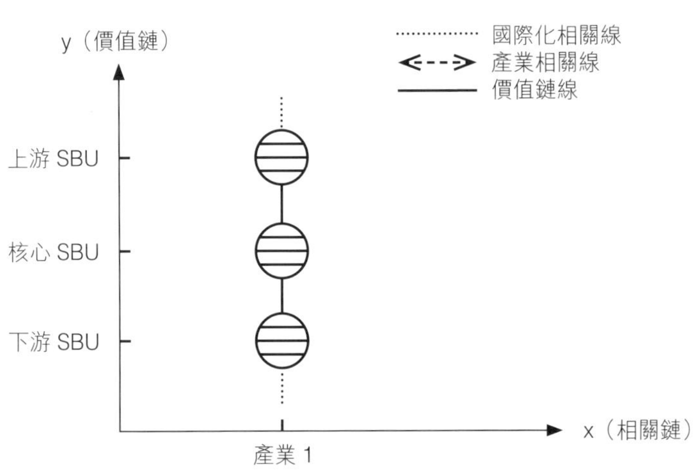

通過以上圖示，可以得出以下分析結論：在雙軸所構成的坐標系中，一系列專業化的「點」可以串聯成一條「線」。這種「線」模式代表了垂直一體化的供應鏈結構。與單一的「點」結構相比而言，「線」結構在穩定性和風險抵禦能力上具有顯著的優勢。企業能夠通過與供應商、銷售商和消費者建立緊密的垂直聯繫，以確保供應鏈上端的穩定供貨，以提高上游環節的利潤空間，同時在下游與消費者之間建立起更穩定的信任關係，保持下游環節的利潤空間。然而，垂直一體化戰略模式也可能會面臨一些新的挑戰：

- **核心業務的波動**：如果核心業務環節出現了問題，則可能會對整條供應鏈造成波動，甚至破壞整個垂直一體化的「線」結構。
- **供應商選擇的多樣性和靈活性降低**：「線」結構可能導致企業在供應商選擇上失去多樣性和靈活性。
- **規模經濟的損失**：如果交易夥伴僅限於「線」上的企業，他們可能無法享受到規模經濟帶來的相對成本優勢。
- **競爭意識的減弱**：在「線」的保護下，各個業務環節可能會因為安全感而缺乏必要的競爭意識，這將影響供應鏈整體的競爭力。

6.5.3 相關多元化戰略

為了克服垂直一體化戰略可能產生的風險，許多企業更傾向於採取多元化戰略模式。所謂多元化戰略則涉及到企業在多個行業或產品領域的並行發展模式。相關多元化戰略允許企業利用現有業務的技術和市場優勢拓展到相鄰或關聯領域，以實現資源共享和項目協同效應。而非相關多元化戰略則允許企業涉及進入與現有業務不直接相關的新領域，這可能帶來新的增長機會，但同時也伴隨着較高的不確定性風險和管理複雜性。

在相關多元化戰略下，企業可以通過橫向的相關關聯方式，將不同的戰略業務單元橫向連接不同垂直化的價值鏈，通過企業核心競爭力形成一定的規模經濟效應，同時可以提高資源利用效率和市場競爭力。具有相關多元化特徵的企業可以在現有的「線」之間建立新的統一競爭力。這種結構不僅能夠分散風險，還能夠通過資源共享和協同效應來增強企業在各個領域中的市場地位。相關多元化為企業提供了一個新的二維結構框架，它結合了專業化的深度和多元化的廣度，使企業能夠在保持核心競爭力的基礎上，拓展業務範圍以便實現更加穩健和持續的發展。這種結構不僅提升了企業的市場適應性和創新能力，也提供了更多的戰略選擇和靈活性。相關多元化結構如下圖所示：

圖 6-3　企業的相關多元化架構示意

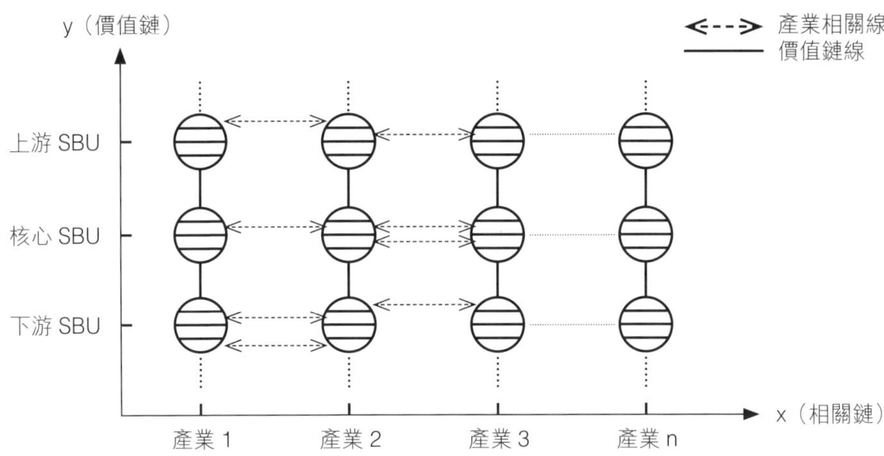

可以從平面幾何的角度去思考相關多元化的結構，橫向關聯是在縱向整合的基礎上形成的，它通過連接不同的業務單元，增強了企業在多個價值鏈上的協同效應。在這一基礎上，相關多元化結構進一步地建立起來「層」的平面化結構，這種結構為企業提供了更為穩固的架構。即使某些「點」或者「線」遭遇了挑戰或失敗，整個平面結構也不會因此而輕易崩潰，橫向關聯所表現的「層」結構會顯著地提高企業抵禦風險的能力。

橫向化表現出的相關多元化框架，可以有效地解決垂直一體化模式中的一些不足點，諸如：過度依賴單一供應鏈市場或者缺乏靈活性等問題。它通過在不同但相關的業務領域之間實現資源的共享和協同，增強了企業的整體競爭力和市場的適應性。然而，相關多元化雖然提高了企業的風險抵禦能力，但是並不能完全消除所有的戰略風險。例如，在面臨經濟衰退、股市動盪或其它不可預測的風險等多重威脅時，即使企業建立起相關多元化的「層」結構，也依然可能遭受嚴重衝擊。如果企業的多個業務單元同時受到影響，整個企業可能會面臨巨大的壓力。

6.5.4 非相關多元化戰略

企業可能考慮採取非相關多元化戰略作為一種保護機制，這種戰略方式可以進一步地分散風險。非相關多元化意味着企業進入的行業之間並不存在直接的聯繫或者協同效應，不同行業的市場動態和風險因素通常也是獨立的，風險一般不可能覆蓋到所有的獨立化市場。

可以從立體幾何的角度去思考非相關多元化的結構，非相關多元化可以視為在相關多元化的現有的平面化結構之外，創建出一個又一個的全新「層」結構，它可能與原有的業務「層」結構完全獨立。這種新的維度可以為企業提供額外的靈活性和增長潛力，使其能夠在完全不同的市場和行業中尋找到新的機會，最大限度地分散了企業的風險。

非相關多元化為企業提供了一種在面臨多重威脅和不可預測風險時的保護策略。企業通過在不同且不相關的行業之間分散投資，可以降低對單一市場或行業過度的依賴，增強其在商業環境中的生存和發展能力。然而，這種戰略也需要企業具備強大的管理能力和資源調配能力，以確保能夠有效地協調和管理多元化的業務組合。下圖所示中，架構以兩個不相關行業的層為例：

圖 6-4　企業的兩個不相關產業架構示意

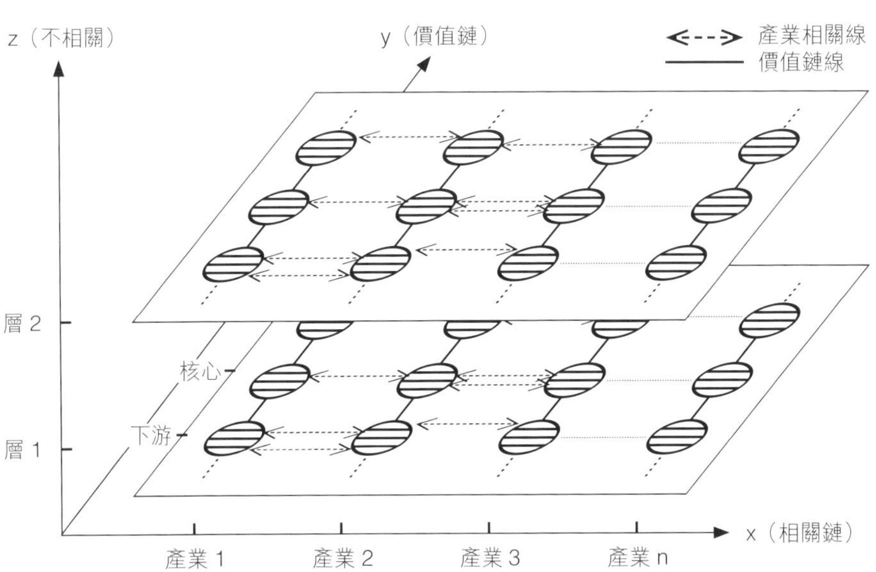

通過引入Z軸（不相關層軸），我們可以構建一個三維結構的立體戰略框架，其中X軸代表相關鏈，Y軸代表價值鏈，Z軸代表着不相關層。這個三維「立方體」結構是非相關多元化戰略的理想化表現，「立方體」在幾何學中可以展現出強大的可靠性和穩定性。企業採用這種結構能夠通過多個層面分散風險，並且將潛在的風險損失降到最低。

圖 6-5　企業的多個不相關產業集群架構示意

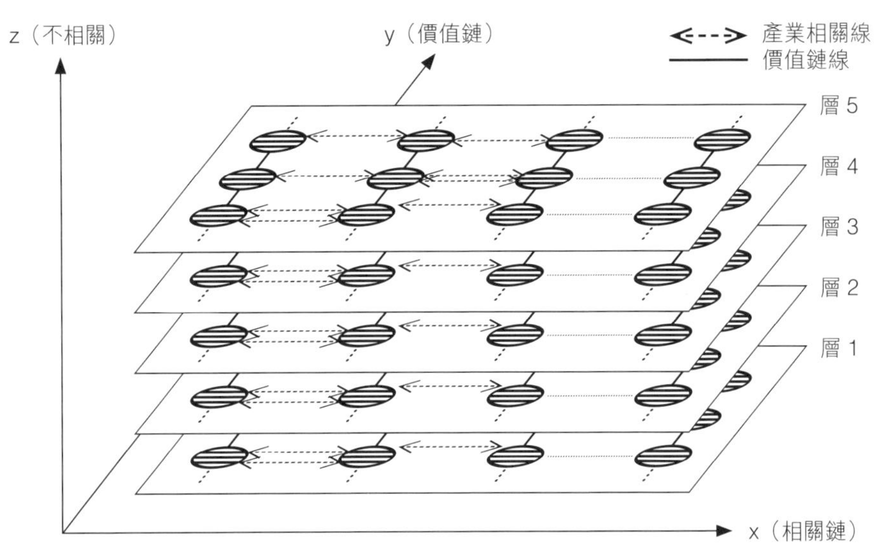

非相關多元化的「立方體」結構為企業提供了一個強大的戰略模型，有助於在不斷變化的市場環境中保持穩定和增長。但這種結構的成功實施需要企業具備強大的資源調配能力、風險管理能力和業務協調能力。對於大多數企業而言，構建這樣的結構是一個長期的戰略規劃，同時，漫長的發展過程還需要創業者具備耐心和面向未來的戰略高度。

在立體化的非相關多元化框架中，即使某些「點」、「線」甚至某個「層」遭遇到破壞，整個戰略的「立方體」結構仍能保持一定的穩定而不會輕易崩潰。該結構特別適合那些已經成熟、擁有足夠資源和能力來管理複雜業務組合的企業。然而，對於初創企業而言，直接實施這種多元化戰略可能並不適宜，因為初創企業通常資源有限，同時直接追求多元化可能導致資源與競爭力量的分散，企業可能因為無法集中精力在核心業務上，而面臨產業被各個擊破的風險。因此，企業的發展應該是一個逐步演進的過程，從最早的初創企業專注於一個「點」開始，逐步發展到「線」（垂直一體化）、「層」（相關多元化），最終可以形成「立方體」（非相關多元化）。

這個逐步變化的過程允許企業在發展的進程當中逐漸降低市場風險、競爭風險和運營風險，同時有利於企業不斷積累管理多元化業務所需要的經驗和能力。隨着企業不斷地發展壯大，並逐步在不同的行業中建立新的業務單元，未來通過建立國際化和全球化的企業戰略，可以進一步穩固「立方體」的結構，從而從戰略的高度增強企業整體抗風險的能力。

6.5.5 戰略競爭框架的動態執行過程

戰略競爭的關鍵在於創業者必須尋找並採納一種獨特且適合自己企業的戰略體系。執行戰略框架意味着隨着企業未來的發展，創業者將不可避免地面對各種規模的風險，他們需要根據企業的實際發展狀況和實力靈活地進行戰略應對。

創業者的旅程通常始於專業化，這雖然意味着他們僅擁有較低的抗風險能力和面對較高的風險水平，然而，專業化也讓企業能夠集中精力深入一個行業或者專注於一個產品。通過創業者全身心的投入，將所有資源集中用於加強專業的競爭力，企業可以在初步創業階段取得成功。然而，如果初創企業在資源有限的情況下就急於追求除專業化之外的其它戰略風格，資源分散將會導致面臨更大的風險。

隨着企業積累了足夠的資源，創業者可以考慮採用垂直一體化的戰略體系，通過供應鏈優勢，降低風險和提高收益，企業整合上下游的業務，從而增強其抗風險能力。利用垂直整合的方式更有效地控制成本、提高效率，並在市場構建出以本企業為核心的供應鏈的競爭優勢。

在成功實施垂直一體化戰略之後，企業將進一步獲得發展的機會與空間。他們可以利用企業的核心競爭力來擴展產品線，以此為基礎，形成多個垂直一體化供應鏈。隨着企業逐步從垂直一體化戰略轉向建立相關多元化的戰略體系，其發展實力與抗風險能力將得到進一步顯著提升。

展望未來，企業可以繼續利用動態戰略框架發展非相關多元化戰略體系。這意味着需要構建更多不相關的核心技術產品，打造一個以多樣化為中心，而不依賴於單一產品或技術的核心競爭力。

創業者需要根據自己企業的成長階段和資源狀況逐步打造從專業化、垂直一體化、相關多元化、非相關多元化的動態過程，以此來構建一個強大的且具有高度適應性的戰略體系。這種戰略演進不僅能夠降低不同發展階段的風險，還能夠在不斷變化的市場環境中為企業帶來長期的穩定和增長。

6.6 對創業戰略的重新審視

在審視創業戰略時，我們必須認識到，對於任何初創企業來說，戰略的制定品質直接關係到企業未來的發展軌跡。在當今這個技術和商業模式不斷創新的時代，科技技術的快速發展和市場競爭的激烈程度都是前所未有的，因此，準確把握戰略規劃的方向變得日益具有挑戰性。

6.6.1 戰略需要「痛點拉動」

創業者在創業初期應該以何種心態來構建戰略呢？總體上可以將創業心態分為兩種主要類型：一種是「概念推動」，另一種是「痛點拉動」。所謂「概念推動」是指創業者可以借鑒現有的企業戰略概念範本，並據此得出目標結論。這種方法的優勢在於它減少了創業者在思考和邏輯推理上的複雜性。創業者只需要將戰略建立在前人已經走過的道路上，並努力實現這些新概念。然而，這種以概念為驅動的創業方式存在着一個明顯的缺陷：在不斷變化的創業環境中，創業者可能會迷失方向，因為他們可能並不真正清楚自己需要解決的問題是甚麼，也不能確定這些新概念是否真的能夠應對某些問題和挑戰。

相對而言，「痛點拉動」則要求創業者從消費者的角度出發，深入去思考問題和解決方案。創業者需要站在消費者的身份去審視和衡量產品所存在的問題和不足，然後，運用自己掌握的技術來嘗試解決這些問題。通過識別並解決這些「痛點」，創業者可以提升產品的競爭力，滿足真實存在的消費者需求。這種方法的優勢在於，它使創業者能夠真正地理解消費者的關切和體驗。如果創業者能夠真誠地解決消費者的「痛點」，那樣他們也將獲得持續的動力去推動實施改變。因此，創業者不應僅僅為了追求某些流行的「新概念」而創業，或者制定僅僅為了迎合某些時髦概念的戰略。這種做法可能會脱離企業的實際需求，甚至成為一種噱頭。因此，創業者應該深入去思考如何解決消費者的「痛點」，考慮企業能夠為消費者提供哪些獨特的產品，以及如何為消費者帶來全新的體驗。

評估「痛點」的重要性對於創業者是至關重要的，通常可以從三個關鍵維度來進行考量：強烈性、普遍性和頻率。強烈性是指消費者對於產品不便或不滿的容忍度。如果消費者願意因為價格優惠或其它因素而忍受產品非核心功能的不方便或者不滿意，這表明「痛點」的強烈性相對較低。相反，如果消費者對某些問題感到無法忍受，這就意味着「痛點」的強烈性很高。普遍性反映了「痛點」是否廣泛存在。換言之，它表明了消費者群體中有多少人普遍希望這個「痛點」能夠得到解決。一個普遍存在的「痛點」往往意味着更廣闊的市場機會。頻率是指「痛點」在消費者使用產品過程中被觸發的頻繁程度，如果某些問題在使用產品時經常發生，導致消費者反覆遭遇不方便或者不滿意，那麼這個「痛點」的頻率就很高。

綜合以上三個關鍵維度，創業者可以對「痛點」的嚴重程度和影響力進行評估。如果一個「痛點」在強烈性、普遍性和頻率上都表現為高，那麼它就是一個值得創業者關注並採取行動的重點。在這種情況下，創業者應該迅速採取「痛點拉動」的戰略方法，制定出切實可行的解決方案，以解決這些「痛點」並實現產品或服務的改進。在實施過程中，創業者需要根據市場和消費者回饋的實際動態不斷調整和優化解決方案，以確保戰略的有效性和適應性。

6.6.2 接受戰略設計的不完美

針對初創企業戰略的另一方面思考是創業者是否願意接受戰略設計的不完美，創業者需要認識到一個重要的事實：戰略設計永遠不會是完美無缺的。許多創業者天生追求完美，他們期望在創業的起點就能夠準備周全，希望整個創業過程達到完美的境界。例如，他們追求技術的完美無瑕、商業模式的無懈可擊，甚至認為只有一切達到完美，自己的工作才算正確。因此，這些創業者不斷地思考如何制定一份無懈可擊的戰略方案。

然而，過分追求完美實際上意味着創業者需要考慮更多可能的問題，包括那些幾乎不可能發生的情況。這種對完美的執着導致創業者為自己製造了許多新問題，其中大多數是無中生有的偽問題。這不僅增加了創業者自身的工作負擔，也無形中加大了團隊成員的工作壓力和工作強度。大家都在努力解決這些本不存在的偽問題，結果往往是事倍功半，進而得不償失。

創業者應該意識到完美主義在某種程度上是一種負擔，它可能會導致過度分析和決策癱瘓。戰略規劃是一個動態的過程，需要在不斷變化的市場環境中靈活調整。創業者應該專注於制定一個可行的戰略，而不是一個理論上完美的戰略。他們需要接受戰略規劃中的不確定性和不完美，將精力集中在解決實際問題和抓住機遇上。除此之外，創業者應該培養一種成長型心態，將每次失敗和挑戰視為學習和成長的機會。通過持續的學習和適應，創業企業能夠更好地應對市場變化，實現可持續發展。

6.6.3 打造屬於創業者自己的戰略

真正的優秀戰略並非事先「預製」的產物，而是需要在實際運作中不斷塑造和完善的。只有在真實運營過程中，企業才能在變化莫測的市場動態中找到合適的目標，並持續調整方向以確保戰略的正確實施。這樣的戰略規劃才能真正與企業的實際行動和具體情況相結合，進而發揮其應有的效用。基於此，創業者在實施戰略時應考慮以下四個關鍵點：

1. 資源的高效利用 在動態變化的戰略規劃中，創業者應該善於利用有限的資源來實現最大的績效和成績。例如，如果企業在某個領域的能力和水平僅能達到 5 分，那麼努力提升到 8 分是可行的；但若某項績效已經達到 9.5 分，再追求到完美的 10 分就可能需要投入巨大的資源，而額外彰顯的收益卻顯得微乎其微。當然，對於那些對產品品質有絕對零缺陷要求的行業，例如飛機製造業，這種對完美績效和成績的追求是必要的，因為它們直接關係到人們的生命安全。

2. 戰略方向的重要性 戰略思考的真正挑戰在於確定正確的方向。這是一項極其困難的任務，因為一旦方向錯誤，即使創業者和團隊能力再強、績效再高，也可能加速企業的衰敗。就像一輛高速行駛的汽車，如果偏離了正確的軌道，等到發現錯誤時往往已經難以挽回，並可能導致災難性的後果。因此，創業者最重要的任務就是必須不斷地審視和調整戰略方向。只要戰略方向正確，後續的行動自然也會步入正軌。

3. 防範「拼圖效應」 在戰略競爭的過程中，企業的戰略體系需要隨着發展而逐漸形成和變化，以應對不斷出現的風險。這些體系可能從專業化開始，根據企業的實際情況逐步發展成為垂直一體化、相關多元化或非相關多元化模式。然而，創業者在考慮複製核心競爭力時可能會出現一種「拼圖效應」，即企業不斷以相同的方式進行平面擴展，複製現有能力，形成愈來愈大的業務板塊。但隨着核心競爭力的不斷複製和分散，企業可能會出現資源不足、專業化力量削弱、每項業務板塊都面臨競爭對手等問題。因此，創業者在發展業務板塊時必須保持謹慎。實際上，許多成功的大公司在戰略上一直在保持相應的克制，避免進行過於複雜和眼花繚亂的變化。

4. 避免戰鬥思考方式 雖然競爭是企業生存的關鍵，但如果創業者過於專注於具體的對手和市場行為，則可能會導致戰略制定的短視和偏差。創業者需要超越局部階段或利益的束縛，從全局的角度關注長期的用戶價值。他們應該跳出眼前的競爭困擾和利益誘惑，通過擴展視野，關注消費者最為本質的需求，將自身的眼光放長遠，這樣才能形成一個真正優秀的戰略。

總而言之，創業者在制定戰略時應該高效運用自身的有效資源，注重戰略方向的準確性，避免「拼圖效應」帶來的風險，同時跳出局部競爭的局限，從更廣闊的視角審視市場和使用者需求，以形成具有前瞻性和全局性的優秀戰略。

第 7 章

拓展有效的創業行銷

學習目標

通過對本篇的學習，您將了解到：

1、創業者可以選擇的市場經營策略包含哪些方面？

2、針對消費人群，創業者應該如何實施有效的市場細分和市場定位？

3、創業者需要如何辨識和執行有效的市場行銷行為？

4、面對眾多的競爭者，創業者應該如何建立並實施有效的市場競爭策略？

引入案例

蜜雪冰城，這個源自中國鄭州的飲品連鎖品牌，以其親民的價格和豐富多樣的飲品口味迅速在市場中佔據了一席之地。2021 年，品牌通過一首極具感染力的歌曲 MV ——「您愛我，我愛您，蜜雪冰城甜蜜蜜」，在社交媒體上掀起了一股熱潮，顯著提升了其品牌影響力。

蜜雪冰城之所以能夠在激烈的市場競爭中脱穎而出，很大程度上歸功於其獨特的產品線。它提供了包括冰淇淋系列和果茶系列在內的多樣化產品，滿足了消費者的不同需求。特別是其冰淇淋系列，憑藉新鮮現製的口感和親民的價格，贏得了廣泛的消費者青睞。在定價策略上，蜜雪冰城始終堅持着高性價比的策略，其產品價格大多位於 3-10 元人民幣的區間，這一價格水平遠低於市場上的其它同類品牌，成功地構建了「價格壁壘」，吸引了大量追求性價比的消費者。

在擴張策略上，蜜雪冰城採取了小店加盟模式，主要在中國的二、三、四線城市乃至鄉鎮地區佈局，佔據了相對有利的地理位置。通過高效的空間利用和標準化的門店設計，品牌降低了運營成本，同時提高了市場滲透率。除此之外，蜜雪冰城在 B 站、抖音、微博等社交媒體平台上發佈的魔性主題曲 MV，引發了廣泛關注和討論，實現了品牌的快速傳播。這首歌曲因其朗朗上口的旋律和簡潔的歌詞，迅速在網路上走紅，激發了大量的二次創作和傳播。品牌還通過動畫作品《雪王駕到》進一步豐富了其品牌形象，提升了文化價值和市場影響力。

在面對社會重大災害事件時，蜜雪冰城積極地捐款捐物，展現了企業的社會責任，增強了消費者對品牌的好感與信任。通過有效的整合行銷和品牌影響力的提升，蜜雪冰城最終從一個區域性的小品牌成長為全國知名的飲品連鎖品牌。

對於創業者而言，建立一家可持續發展的企業是其重要目標。在行業競爭日益激烈的今天，創業者在追求成功的過程中必須要將消費者的需求放在中心位置，並設計出良好的、可正確實施的市場行銷策略。為了實現這一目標，創業者需要精準定位那些與公司資源和能力最匹配的消費群體。然後，通過有效的溝通和行銷手段，讓這些消費者了解並認可公司產品所提供的價值，以確保他們能夠方便地購買到企業所提供的產品或服務。除此之外，通過從市場收集回饋資訊，不斷地改進公司的產品和服務，從而最終與消費者建立滿意且忠誠的長期關係。

行銷確實是一種複雜的社會關係過程，它涉及到個人和組織之間的相互交換，以滿足各自的需求和慾望。這個過程不僅僅是交易的簡單完成，更是建立持續交易關係的關鍵。在這一過程中，創造並交換產品和價值是滿足消費者需求的核心。

然而，消費者往往難以明確表達自己的真實需求和慾望。這可能是因為他們認為某些產品的功能是理所當然的，或者他們對技術的可能性缺乏了解。因此，創業者需要主動從消費者的角度出發，去探索和發現這些潛在的需求和慾望，而不是被動地等待消費者的回饋。創業者可以這樣認定，只有當新技術被應用到其具體的產品時候，消費者才能夠對其做出反應，公司也才能夠評估該新技術的商業潛力。

儘管消費者可能沒有興趣去了解技術的可行性，但是他們仍然可以表達出對特定產品的需要或慾望。消費者可能會向創業者反映在使用現有產品或服務時所遇到的問題與困難，希望新產品能夠增加哪些功能與便利性，甚至他們還會希望企業可以代替他們去尋找新的功能與便利，以及為他們提供的好處。例如，在蘋果公司推出 iPod 之前，很少有消費者明確要求購買這樣的產品，他們仍然會習慣使用以前所熟悉的 SONY 隨身聽。這個例子説明，有時候消費者的需求和慾望是通過企業提供的新產品、新技術、新服務來喚醒和激發的。實際上，代替消費者尋找需求和慾望，不僅可以為創業者帶來新的市場機遇，也是創新和領先市場的關鍵。

因此，創業者需要具備敏鋭的市場洞察力和創新能力，通過觀察、研究和實驗，去發現那些尚未被明確表達但潛在的消費者需求。這可能涉及對消費者行為的深入分析；對市場趨勢的準確預測；對新技術的快速應用。通過這種方式，創業者不僅能夠滿足現有的需求，還能夠創造新的需求，推動市場的發展和企業的增長。

7.1 創業者的市場經營策略

創業者在制定市場經營策略時，往往從專注於單一產品或服務開始，通過專業化策略可以與其未來的整體戰略相協調。創業者必須根據自己企業的獨特性，選擇最適合自己的市場經營策略。為了更好地進行分析，一些研究提供了很多有效的市場競爭分析模型，這些模型能夠協助創業者深入理解市場的含義，並制定有效的市場經營策略。

美國著名的管理學家邁克爾・波特在其 1980 年出版的著作《競爭戰略》中，提出了一個著名的理論，即企業可以通過三種不同的市場競爭地位來獲得並維持其產品的市場競爭優勢。這三種策略分別是：成本領先策略、差別化策略、聚焦化策略。這些策略合稱為波特的通用策略模型，它們為創業者提供了一個完整的競爭框架，幫助他們分析市場環境，確定自己的競爭優勢，並據此制定相應的市場經營策略。通過實施這些策略，創業者可以更有效地定位自己的企業，以應對激烈的市場競爭，並實現長期的成功和增長。波特的競爭框架如下圖所示：

圖 7-1　波特的通用策略模型

	低成本	獨特性	
整體目標	**成本領先策略**	**差別化策略**	競爭範圍
特定目標	**低成本聚焦策略**	**差別化聚焦策略**	
	競爭優勢		

在通用策略模型中，波特設置了競爭優勢與競爭範圍兩個維度，分別劃分為以低成本和面向整體市場目標人群的成本領先戰略；以低成本和面向特定市場目標人群的低成本聚焦策略；以產品獨特性和整體市場目標人群的差別化戰略；以及以獨特性和特定目標人群作為目標的差別化聚焦策略四種類型。

7.1.1 成本領先策略

成本領先策略的核心在於為價格敏感的消費者提供價格低廉的標準化產品。這種策略的精髓在於，為廣泛的市場群體提供價格適中、功能基礎且不具差異化的產品。企業通過規模經濟和協同效應實現成本的降低，從而在市場中獲得競爭優勢。利潤主要來源於因低成本生產帶來的收益。

以中國改革開放初期的製造業發展為例，當時政府下大力氣發展製造業群體，眾多大規模的製造工廠迅速建立並投入生產。這些工廠通過規模經濟效應實現了大批量、低成本的生產方式，提供了極具競爭力價格的產品，為全球市場的發展注入了新的活力。雖然消費者購買這些低成本產品後，可能不會獲得最佳的使用體驗，但由於產品價格的吸引力，他們往往會對產品的非核心功能具有更高的容忍度，工廠也收穫了全國乃至全球的巨大訂單。

然而，對於創業者來說，在創業初期採用成本領先戰略可能並不是最佳的選擇。如果企業的生產規模不夠大，則很難實現規模經濟，從而難以有效降低成本。在成本居高不下的情況下，降價策略難以成為初創企業的有力武器。除此之外，初創企業與競爭對手的價格戰可能會消耗巨大的企業資源，甚至導致創業的失敗。

因此，創業者在制定市場經營策略時，需要綜合考慮自身的資源、能力以及市場環境，選擇最適合自己的策略。這可能包括但不限於差別化戰略、聚焦化戰略或其它創新戰略等，以實現企業的長期發展和市場競爭力。

7.1.2 差別化策略

差別化策略的核心在於創業者如何通過深入了解消費者對產品或服務差異的感知來制訂策略，使企業採取特定的手段或方法，提供與競爭對手相比具有明顯差異化的產品或服務。這種策略旨在形成企業獨特的競爭優勢，與成本領先策略一樣，它面向的是廣泛的市場，但區別在於差別化策略更注重滿足市場內不同消費者群體的特定需求，而不是在價格上與競爭對手競爭。

企業需要根據消費者需求的差異重新細分市場，為每個細分市場提供具有獨特性的產品，以滿足不同但相似需求的消費者群體。以洗髮水市場為例，儘管所有消費者都可能會購買洗髮水，但由於不同消費者對於頭髮的髮質、頭髮稀疏程度、護理要求等不同因素的關注，企業可以進一步將市場細分為不同的具有獨特需求的消費者群體。寶潔公司（P&G）就是通過開發多種洗髮護理品牌，來滿足消費者群體的不同需求，每個產品品牌都會專注於特定的功能，如護理、營養、去屑、防脫等，為不同需求的消費者提供具有差別化特色的洗髮水。

對於初創企業而言，雖然差別化戰略是一個值得考慮的策略，但並不適合所有的創業者。如果創業者將有限的資金投入到廣泛的差別化市場中，並試圖滿足多個細分市場的獨特需求，那樣，為了實現產品的獨特性和差別化，企業可能需要投入大量的研發成本，同時還需要承擔高額的廣告和宣傳費用。在短期內，創業者可能不得不面對現金流緊張的困境，這在創業的初始階段可能是難以承受的。

因此，創業者在考慮差別化策略時，需要謹慎評估自身的資源、能力和市場條件。他們可能需要選擇一個或幾個具有潛力的細分市場，集中資源和精力，通過創新和差異化的產品或服務來建立市場地位。同時，創業者還需要考慮如何有效控制成本，以及如何通過精確的市場定位和行銷策略來吸引目標消費者，從而在競爭激烈的市場中獲得成功。

7.1.3 聚焦化策略

聚焦化策略主要分為低成本聚焦策略和差別化聚焦策略兩種類型。聚焦化策略與差別化策略的主要區別在於，差別化策略面向的是整個廣闊的市場，而聚焦化策略則是專注於特定的細分市場。

低成本聚焦策略會專注於一個細分的市場，這個市場往往規模適中，對於大型企業來說可能不夠有吸引力，但對於中小企業來說，卻是一個理想的創業切入點。這種策略允許中小企業以較低的成本，專業化地為具有特定需求的消費者提供獨特的產品或服務。例如，小米手機的創始人雷軍在創業初期，除了為其產品打造可靠的品質、優秀的功能配置、吸引人的外觀和豐富的娛樂功能外，還特別關注青年和學生群體的價格需求，這些年輕的消費者出於自身經濟原因往往會對價格非常敏感，同時對產品的功能和外觀有着自己獨特的要求。小米手機通過低成本的聚焦策略，成功地滿足了這一群體的需求，並將這一代年輕人逐步發展成為了企業潛在的長期消費者。隨着這些年輕消費者的成長和消費能力的不斷提升，小米集團在科技、家電、新能源汽車等領域的發展也獲得了堅實的消費者基礎。

對於創業者來說，低成本聚焦策略可以是一個有效的初創策略。在資源和實力有限的情況下專注於一個專業領域，為有特定需求的消費者提供具有獨特性能的產品，可以幫助企業在市場中快速站穩腳跟。這種策略有助於企業在特定領域內建立專業形象，積累忠實消費者，並逐步擴大市場份額。

差別化聚焦策略是一種市場經營策略，它通常在所謂的「藍海」市場中孕育，即存在於那些尚未被大企業佔據，或者存在於較小的利基市場中，企業有機會在這裏成為最強大的競爭者。這種策略的核心在於通過技術創新或者其它方式，為一個新的細分市場創建獨特的產品功能，從而吸引消費者的興趣。

在這種策略下，由於產品的獨特性和競爭力，市場上通常不會出現激烈的價格競爭。企業因此有機會提高產品的價格，快速獲得更多的利潤。這種策略的實施通常需要企業擁有較高的技術壁壘，這有助於在較長時間內減少細分市場中的競爭行為，保持企業的競爭優勢。

對於創業者來説，差別化聚焦策略可以是一個快速獲得利潤的有效途徑。通過專注於一個具有高技術壁壘的細分市場，創業者可以在最短的時間內增強初創企業的實力。然而，採用這種策略的前提是能夠保持較長時間的低競爭環境，也可以稱為「藍海」環境，並且確保細分市場的准入門檻較高，以維持企業的競爭優勢。

在考慮採用差別化聚焦策略時，創業者需要評估以下幾個關鍵因素：

- **技術創新能力：**企業是否具備開發獨特產品或服務的能力，以及是否能夠持續創新以保持競爭優勢。
- **市場研究：**對目標市場進行深入研究，以確保所提供的產品或服務能夠滿足細分市場的需求。
- **技術壁壘：**評估企業是否能夠建立足夠的技術壁壘，以保障其在細分市場中的領先地位。
- **資源投入：**考慮實施這種策略所需的資源投入，包括研發、生產、行銷和銷售等各個方面。
- **市場准入門檻：**分析目標市場的准入門檻，以確保企業能夠在市場中建立並維持其獨特的地位。

通過綜合考慮這些因素，創業者可以更有效地制定和實施差別化聚焦策略，從而在競爭激烈的市場中找到自己的立足點。

7.2 市場細分與市場定位

7.2.1 市場細分

消費者總會基於某些特定理由去選擇產品或服務，這些理由往往與產品或服務之間的差異有關。對於一家初創企業來說，只有在其產品或服務具有明顯的差異化特徵時，才有可能在激烈的市場競爭中脫穎而出。因此，差別化即是初創企業獲得成功的關鍵，也是其戰勝競爭對手的有力武器。通過差別化策略所形成的市場細分，對於初創企業來說尤其重要。

市場細分是將整個市場劃分為具有不同需求和特徵子市場的過程。在每個子市場中，消費者的需求和特徵相似，他們對特定的產品和行銷策略的反應也趨於一致。創業者可以利用這種細分，針對不同細分市場的獨特需求和差異化特徵，積極調整自己的產品和行銷策略。創業者可以通過精準的市場定位，提供更符合特定細分市場需求的產品和服務，從而更好地滿足這些消費者。

在進行市場細分時，創業者需要深入思考自己的目標市場定位，以及是否具備獨特的競爭力和持續發展的比較優勢。在考慮市場定位時，創業者需要深入分析目標市場中的消費者對產品或服務的認知。在與同類產品相比較時，創業者還要思考自己的產品或服務有何優勢，即消費者為何選擇自己的產品而非競爭對手的產品。

為了評估自己是否具有獨特的競爭力，創業者需要關注品牌、技術、專利、設計、忠實消費者群等多個關鍵因素。在打造可持續比較優勢時，則應着眼於價值的可持續性、回報率、創新文化等相關要素。市場細分的決策方法通常有三種：

- **基於消費者特徵的細分：**可以根據消費者的年齡、性別、收入、教育背景、地理位置、民族和種族等特徵進行市場細分。

- **基於地理位置的細分：**可以根據消費者的地理位置進行劃分，因為不同地區的銷售潛力、增長率、消費者需求、文化、氣候、服務需求、競爭結構以及產品的購買率可能存在差異。
- **基於消費者行為的細分：**可以根據消費者的需求、產品使用方式、常規行為和生活方式等行為特徵進行市場細分。

7.2.2 市場定位

在成功建立起市場細分之後，創業者的下一步任務是如何進行科學而有效的產品市場定位。市場定位是行銷策略中至關重要的一環，它涉及到如何將產品或服務的核心特徵和優勢清晰地傳達給目標消費者。

創業者需要識別並突出產品或服務中最重要的特徵，並確保這些特徵在行銷組合的各個方面——包括產品本身、價格策略、促銷活動等是否都得到了體現。這要求創業者深入理解目標市場的需求，並將這些需求與產品的特性相結合，以創造出對消費者具有吸引力的價值主張。重要的是，創業者需要認識到消費者購買的不僅僅是產品的特性，他們更看重的是產品能夠為他們帶來的好處和解決方案。因此，創業者在進行產品定位時，更應該着重展示產品的獨特優勢，這些優勢應該與消費者的需求和期望緊密相連。為了更好地理解產品定位，通常可以將其分為兩種不同的方式：有形定位和感性定位。

有形定位側重於一個有形產品相對於其競爭對手的當前市場定位。它通過比較產品和服務的一系列客觀結構和功能特徵來進行。有形定位的優勢在於，它能夠揭示不同競爭對手在某類產品上的相對競爭力，説明確定產品的競爭結構。除此之外，它還可能揭示產品可能存在的功能缺失。然而，有形定位也有其局限性。即使創業者根據產品的有形特徵（如包裝、品牌、功能、價格和輔助服務）進行了精心設計，消費者對這些特徵的重要性的認識和感知，可能與公司的預期不同。消費者對產品的看法往往基於產品的美感、動感或地位形象等社會或心理屬性，這些因素使得消費者難以進行真實、有形化、客觀化的產品比較。例如，一輛功能強大、品質上乘、價格適中的家用汽車，可能被認為會受到大多數消費者的青睞。但實際上，某些消費者（如一些女性消費者）也許更關注汽車的外觀和品牌價值等感性因素，而功能和品質有時反而不是她們的首選因素。

感性定位是一種行銷策略，它側重於消費者的主觀感受和情感反應，而不是產品的具體功能或物理特性。這種定位認識到消費者的購買決策往往受到個人的情感、審美偏好、品牌認同和社會地位等因素的影響。感性定位強調與消費者建立情感聯繫，品牌可以通過故事講述、品牌形象塑造或情感訴求來吸引消費者。它關注提供獨特的顧客個性化體驗，使消費者感到產品或服務與他們的個人身份和生活方式緊密相關。通過品牌故事和價值觀的傳達，感性定位能夠激發起消費者的共鳴，增強品牌忠誠度。感性定位重視產品的外觀、設計和美學，因為這些因素能夠直接影響消費者的情感反應。例如，一輛跑車可能因其流線型設計、鮮豔的色彩和品牌故事而吸引消費者，即使它的實用性（如車內空間）和價格可能不是最理想的，某些消費者依然會選擇這樣的產品，主要原因是它們滿足了此類型消費者對於速度、激情或獨特身份的感性追求。

感性定位的策略可以通過與消費者的溝通和市場回饋來調整和優化。通過市場調查、消費者訪談和社交媒體互動，企業可以了解消費者的情感需求和偏好，進而調整其產品和行銷策略，以便更好地滿足這些需求。

總結而言，有形定位側重於產品的具體特性，如性能、價格、功能和品質，這些可以通過客觀數據和標準進行評估。感性定位則更關注消費者的主觀感受，如品牌形象、個人情感和社會認同，這些通常難以數據量化。

7.3 實施有效的市場行銷行為

7.3.1「4P」與「4C」

在市場行銷中，「4P」模型是一個經典的理論框架，它包括產品（Product）、價格（Price）、促銷（Promotion）、地點（Place）四個要素。這個模型説明創業者系統地考慮如何將產品或服務推向市場。然而，創業者又將如何在市場行銷行為中靈活地運用「4P」呢？隨着市場環境的變化，「4C」模型應運而生，「4C」成為了與「4P」相對應的運用方式。它包括顧客需要和慾望（Consumer needs and wants），顧客成本（Cost to the customer），溝通（Communication），方便性（Convenience）。它更加強調了以消費者為中心的市場行銷策略，以下分別通過「4P」與「4C」相互對應的關係進行詳細描述。

創業者在推出新產品時，首先考慮的不是他們能生產甚麼，而是市場和消費者真正需要甚麼。這種以市場需求為導向的思維方式，標誌着市場行銷策略從「產品推動型」向「需求拉動型」轉變。因此，產品的設計和開發應該緊密圍繞顧客的需求和慾望出發，這兩者之間存在着直接的對應關係。

當涉及產品定價時，一個常見的誤區是僅基於生產成本或競爭對手的定價策略來設定價格。然而，一個更為有效的方法是考慮顧客願意並能夠承擔的成本是多少？即便產品的設計再出色，功能再強大，如果定價超出了消費者的支付意願，產品也難以銷售。因此，價格應當與顧客成本相匹配，確保產品的定價既能覆蓋成本，又能吸引目標消費者。

促銷活動是提高產品知名度和市場覆蓋率的關鍵手段，但成功的促銷遠不止於增加其產品曝光度。真正的挑戰在於如何通過有效的溝通來激發消費者的內在需求，甚至挖掘出他們未曾意識到的潛在慾望。這意味着，促銷策略需要與溝通緊密結合，通過有意義的互動和資訊傳遞建立起企業與消費者之間的緊密聯繫。

至於產品的銷售地點（渠道），將直接影響消費者的購買便利性。傳統觀念中有「好酒不怕巷子深」的説法，強調了產品品質的重要性。但在現代社會，隨着電子商務的興起和供應鏈與物流的發展，消費者愈來愈傾向於便捷的線上購物體驗。這種變化使得購買的方便與否，成為了影響消費者選擇的重要因素，也解釋了為何許多線下實體店舖面臨着線上購物巨大挑戰的現象。因此，銷售渠道的選擇和優化應該以提高購買便利性為目標，確保消費者能夠輕鬆、快速地獲取所需要的產品。

綜上所述，創業者在實施市場行銷行為時，應該靈活地運用「4P」和「4C」模型之間的邏輯關係，將產品、價格、促銷和地點的策略與顧客的需求、成本、溝通和便利性緊密相連。通過以消費者為中心的思路與方法，加速市場整合，使企業能夠更有效地滿足市場需求，更快地實現創業成功。

以下分別對企業的產品策略、定價策略、促銷策略、渠道策略實施進一步的分析説明。

7.3.2 產品策略

產品策略是企業市場行銷的核心，它關乎企業如何通過提供滿足消費者需求和慾望的產品來達成商業目標。產品不僅僅是一個實體物品，它也可以是一項服務、一場活動，甚至是一個概念。產品通常具有有形的屬性，如品質、功能和特性，而品牌在產品的基礎上則更多關聯無形的方面，如情感聯繫、認知價值和身份象徵。品牌對於消費者而言是至關重要的，它不僅簡化了購物過程，幫助消費者處理產品購買決策，還能增強消費者對購買正確性的自信。

對於初創企業而言，對於新產品的研發和推廣尤為關鍵，因為創新是企業持續發展的全新動力，新產品的開發是企業長期成功的基石，它為企業適應快速變化的市場環境和抓住新機會提供了可能。新產品可以分為四類：行業全新產品、公司新產品、產品線擴展和產品改進。在實際中，只有少數產品屬於全新產品，而大多數產品都是通過產品線擴展或產品改進產生的。

產品的最大風險莫過於產品開發的失敗，產品開發失敗的原因往往不是技術問題，而是因為沒有準確把握好市場的需求。許多產品之所以未能成功商業化，是因為它們沒有真正地滿足消費者的實際需求。因此，創業者在開發新產品時，不能閉門造車，而應深入地了解消費者的真實需求。

為了有效地開發新產品，創業者可以採取以下策略：

- **鼓勵創新**：建立一種鼓勵創新的企業文化，讓員工積極參與新產品的創意和開發過程。
- **共同創造**：將消費者或潛在消費者納入產品開發過程，共同創造出新的研發理念。並可以通過市場調查、用戶測試或合作開發等方式實現。
- **徵求創意**：直接向消費者徵求新產品的創意，並評估這些創意的可行性，將有潛力的創意應用於實際研發。
- **預售和眾籌**：在產品開發階段，可以通過預售或者眾籌方式，讓消費者在生產產品前做出購買承諾，從而降低市場風險。
- **市場研究**：進行深入的市場研究，了解目標消費者群體的需求、偏好和行為，以便更準確地定位產品。
- **快速迭代**：在產品開發過程中，採用快速迭代的方法，不斷根據市場回饋調整和優化產品。

通過這些策略，創業者可以更有效地開發新產品，滿足市場需求，從而提高新產品的市場成功率。因此，產品策略的成功在於真正地解決消費者的需求與慾望，而不僅僅是能否實施技術創新。

7.3.3 定價策略

定價策略是創業者將產品或服務推向市場時必須仔細考慮的關鍵因素之一。有效的定價不僅要考慮成本，還要考慮市場需求、消費者敏感度以及競爭環境等諸多因素。定價的合理與否直接關係到產品的銷售成敗和企業的盈利能力。

首先，創業者需要確定產品或服務的成本基礎，這通常涉及產品或服務的單位成本，成本基礎為產品或服務設定了一個價格的下限。然後，價格制定者（可以是創業者，也可以是價格專家）在考慮到消費者對產品的需求彈性和價格敏感度的基礎之上，確定可能的價格上限。這是因為如果定價過高，潛在消費者可能會選擇更經濟的替代品或者完全放棄購買。

在定價之前，創業者必須深入理解市場情況，包括消費者如何看待：公司產品與競爭對手產品的差異；競爭對手的成本結構和定價策略；市場上潛在替代品的存在及其價格；供應能力對價格可能產生的影響等因素。了解到這些資訊後，創業者可以根據當前的行業狀況和企業在行業中的地位，決定企業定價策略的出發點。定價策略可以基於以下不同的目標，諸如：

- **侵略性擴張型定價：**為了迅速佔領市場份額，提高銷售增長率，創業者可能會選擇較低的價格策略，以吸引新消費者和打擊競爭者的定價體系。
- **防禦性生存型定價：**在面臨激烈的市場競爭壓力時，創業者可能會針對價格敏感的消費者群體設定低價，以保持企業的市場地位。
- **利潤最大化定價：**如果目標是快速回收研發成本，並實現利潤最大化，創業者可能會針對價格不敏感的消費者群體設定較高的價格。

每種定價策略都有其相對的優勢和風險，創業者需要根據自身資源、市場狀況和長期戰略目標來做出相應的選擇。例如，低價策略可能會導致迅速增加市場份額，但可能會犧牲利潤空間；而高價策略可能會帶來更高的利潤，但需要產品特徵表現出具有明顯的差異化優勢，以證明其價格合理性。

從經濟學的角度出發，產品的價格和消費者願意購買的數量之間存在一種反向關係，即價格上升，需求下降；價格下降，需求上升。這種關係對於創業者在制定定價策略時至關重要，他們需要考慮三個核心因素：成本導向、競爭導向和消費者導向。

成本導向定價是確保企業盈利的基礎。產品成本是定價的底線，如果定價低於成本，每售出一件產品都會導致虧損，銷售愈多則虧損愈大。大型企業可以利用規模經濟和經驗曲線效應來降低單位成本，但中小規模的創業型企業往往難以實現這一點。因此，創業者在考慮成本導向定價時，必須確保價格高於單位成本，為企業留出足夠的利潤空間，以避免無利可圖甚至虧損的風險。

競爭導向定價涉及將競爭對手的價格作為參考。在產品同質化嚴重且競爭激烈的市場中，競爭對手的定價策略對創業者的定價決策有着重要影響。然而，競爭導向不應成為唯一的定價依據。創業者需要避免完全受競爭對手價格的制約，通過產品的差異化和獨特性來與競爭對手區分開來，並以此吸引消費者。

消費者導向定價側重於消費者對產品價值的感知。創業者需要了解消費者對產品價值的看法，即在消費者心目中產品值多少錢。雖然成本決定了價格的下限，但是消費者並不關心企業的成本，他們關心的是產品對他們來説應該值多少錢，以及他們能從購買中獲得多少價值。如果產品定價高於消費者的感知價值，消費者可能會感到失望，轉而選擇競爭對手的產品或者替代品。相反，如果產品定價低於消費者的感知價值，消費者的購買動機將得到增強。通常而言，產品價格與消費者感知價值之間的差距越大，消費者的購買意願愈強烈。

綜上所述，創業者在制定定價策略時，需要綜合考慮成本、競爭和消費者感知這三類因素。通過平衡這些不同的因素，創業者可以制定出既能覆蓋成本、又能在市場中具有競爭力、同時滿足消費者需求的定價策略。

除此之外，創業者利用市場調查、消費者回饋和靈活的市場定位等手段也可以輔助構建有效定價策略。通過這些方法，創業者可以更好地理解市場動態，預測消費者行為，並據此調整定價策略，以實現企業的定價成功和盈利。

7.3.4 促銷策略

促銷策略是創業過程中至關重要的一環，它涉及如何通過有效的手段將產品資訊傳達給目標消費者，以激發他們的購買慾望。對於初創企業而言，如何在有限的預算下實現最大化的宣傳效果是實現創業成功的關鍵。以下是創業者可以採用的幾種主要的促銷策略及其應用：

- **廣告：**

  1. 廣告是一種付費的宣傳方式，通過各種媒體渠道（如電視、廣播、印刷媒體、互聯網等）向公眾展示產品、服務或品牌資訊。
  2. 廣告的目的在於提高品牌知名度、塑造品牌形象，並最終促進產品銷售。
  3. 在數字時代，數字廣告（包括搜索引擎行銷、社交媒體廣告等）為初創企業提供了精準定位和成本效益高的宣傳途徑。

- **人員推銷：**

  1. 人員推銷依賴於銷售人員與潛在消費者的直接互動，通過面對面的溝通來介紹產品特性、解答疑問並説服消費者購買。
  2. 人員推銷適用於那些需要個性化服務或複雜決策的產品，它能夠建立更緊密的消費者關係，並提供即時回饋。

- **銷售促進：**

  1. 銷售促進是指通過短期激勵措施來刺激消費者購買，如折扣、優惠券、贈品、試用妝等。

2. 這些策略通常用於短期內提高銷量、清理庫存或者對抗競爭對手的促銷活動。

3. 銷售促進能夠迅速吸引消費者的注意，但需要謹慎使用，以免損害品牌形象或長期利潤。

- **公共關係：**

1. 公共關係是通過與媒體合作、發佈新聞稿、組織活動等方式塑造和維護企業在公眾心目中的形象。

2. 良好的公共關係能夠提高企業的信譽，增強消費者對品牌的信任感。

3. 公共關係工作不直接推銷產品，而是通過傳遞企業的價值觀、文化和社會責任等資訊，間接影響消費者的購買決策。

在眾多典型的促銷手段中，包括廣告、人員推銷、銷售促進和公共關係，每種策略都有其獨特的優勢和局限性。對於創業者來說，關鍵在於如何有效地整合這些不同的促銷方式，以便在有限的預算內按照合理的比例分配資源，達到最佳的宣傳效果。

在制定促銷組合時，創業者首先需要明確促銷的目標消費群體。了解目標消費者的媒體使用習慣和資訊獲取渠道，這有助於確定哪種促銷方式最有可能吸引他們的注意。例如，年輕人可能更傾向於通過互聯網和電子商務平台獲取各種資訊，而老年人可能更習慣於通過傳統的電視或紙質報紙來獲取信息。如果創業者對目標消費者缺乏清晰的認識，可能會導致行銷資金的誤用甚至浪費。接下來，創業者需要設定促銷組合的具體目標。這些目標應該是具有可衡量性的，以便能夠準確地評估促銷活動的效果。通常情況下，初創企業會將提高銷售額或市場份額作為促銷的主要目標。在有限的促銷預算下，創業者需要根據目標受眾群體的特徵來決定不同促銷方式的資源配置比例。也就是說，企業應該優先考慮那些更受消費者歡迎的促銷手段。最後，在促銷活動的每一個階段，創業者都需要評估當前促銷策略的效果。如果發現某些促銷手段未能達到預期目標就需要及時調整策略，以便重新分配不同促銷方式的權重，確保最終實現促銷的目標。

綜上所述，創業者在制定促銷策略時，應該綜合考慮目標受眾的特徵、促銷目標、預算限制以及市場環境等各類不同的因素。通過靈活調整和優化促銷組合，以實現最佳的宣傳效果和商業回報。經過持續的評估和調整，創業者可以有效地利用有限的行銷資源，確保促銷活動始終保持與目標受眾群體的緊密聯繫。

7.3.5 渠道策略

在傳統的行銷渠道模式中，大多數產品通過由零售商、批發商、代理商等各級中間商組成的網路進行分銷。創業者將產品傳遞給消費者的過程也通常依賴於這些相互依存的組織來完成。然而，隨着互聯網的興起和電子商務的不斷普及化，現代行銷渠道的概念已經超越了傳統的分銷模式。行銷渠道的簡化和便利化已成為當今市場行銷的一大特色。通過將數字行銷與物流服務有效地結合，不僅大幅簡化了銷售渠道的各個環節，而且物流企業也能夠迅速將產品送達至消費者手中，極大地提高了購物的便利性。這種行銷渠道觀念的革新具有突破性，它從根本上改變了消費者傳統的購買方式和消費習慣。時至今日，消費者直接面對產品提供方的購物模式已成為幾乎所有商品的主流購物方式。

創業者需要勇於採納新興的渠道行銷策略，將信息化、電子化和數字化的渠道策略融入到自己的產品銷售過程中。創業者應該與物流配送等機構建立緊密合作關係，通過直接向消費者交付的模式提供最大程度的購買便利性。同時，企業應致力於提升線上銷售渠道的流暢性和顧客的線上體驗的滿意度。在這一基礎上，根據產品的特性，企業也可以積極地發展線下服務，為消費者提供近距離接觸新產品的機會，以增強消費者對新產品的實際體驗感。例如，許多汽車製造商在大力發展線上購車渠道的同時，也注重消費者對汽車產品的線下實地體驗，汽車銷售商通過配合線上銷售而推出了線下諮詢、親身體驗、試駕等系列活動，使消費者能夠全面體驗到某款汽車的功能和優勢。這種將線上與線下結合的渠道行銷策略，不僅能夠滿足消費者的多元化需求，也有助於提升品牌形象和產品的市場競爭力。

7.4 建立有效的市場競爭

在市場環境中，只有極少數企業能夠在幾乎沒有競爭的環境中運營。實際上，大多數企業都會參與到激烈且殘酷的市場競爭之中。雖然創業者可能希望儘量避免這種競爭局面，希望尋找並佔據低競爭的「藍海」市場，但這樣的市場優勢往往也只是暫時的。一旦市場展現出了足夠的吸引力，自然會有競爭者被吸引進來而參與到行業和市場的競爭中。甚至，創業者自己也可能就是這些競爭者中的一員。因此，如何有效地進行市場競爭是每一名創業者及其初創企業必須面對的現實問題。雖然企業的市場競爭力是由許多因素共同決定的，但是正確而有效的市場競爭策略可以在相同的條件下，儘可能地提高創業者獲得成功競爭的機會。

在新興行業中，企業通常扮演着先入者、跟隨者和後進入者三種不同的角色。先入者是最先進入某一行業的企業，由於先入者在進入行業之初並沒有遇到強大的競爭對手，他們可能會短暫享受「藍海」帶來的安逸。但這種優勢通常不會持續太久，因為市場的吸引力和其它企業的盈利動機，會導致不久以後大量的跟隨者即迅速湧入市場，競爭時代隨之到來。隨着競爭的加劇，一些後知後覺的企業也可能會加入到這場競爭中來，這些企業被稱為後進入者。這三種角色將在市場中開始不斷地爭奪主導地位，直至分出最終的勝負。

對於初創企業而言，作為後進入者參與競爭不是一個明智的選擇。

因為初創企業通常資源有限、消費者基礎薄弱，且產品缺乏多元化和差異化，這些因素使得它們在激烈的市場競爭中很容易處於劣勢。因此，作為後進入者，創業者很難建立有效的市場競爭模式，因此，創業者作為後進入者的不智之舉將不是本書進一步探討的重點。

接下來，我們將探討創業者作為先入者或跟隨者時，應採取哪些市場競爭策略，以便更有效地將自己置於主動的競爭位置。

- **作為先入者：**先入者需要建立強大的品牌意識和消費者忠誠度，同時不斷通過創新以保持其市場的領先地位。他們可以利用早期的市場優勢，通過建立和提高進入壁壘來阻止或延緩新競爭者的進入。
- **作為跟隨者：**跟隨者可以通過差異化策略來挑戰市場領導者，以便提供獨特的產品或服務，用來覆蓋未被完全滿足的市場需求。他們還可以利用靈活的運營模式和快速回應市場變化的能力來獲得競爭優勢。

7.4.1 創業者作為市場先入者的競爭戰術

作為市場的先入者，創業者擁有一系列獨特的優勢。他們有機會塑造行業的規則，這通常意味着他們能夠按照自己的優勢來設定相關的行業標準。利用這些規則，先入者可以迅速擴大生產規模，加速實現規模經濟，並憑藉經驗曲線降低成本，從而為未來可能進入市場的跟隨者設置較高的門檻。除此之外，作為市場的開拓者，先入者將更容易獲取外部的稀缺資源，並通過創新來引領和改變消費者的消費觀念及習慣，這有助於在短時間內為初創企業獲取一批忠實的顧客群。

然而，擁有這些潛在的競爭優勢並不意味着保證先入者能夠最終在市場競爭中取得勝利。歷史經驗表明，並非所有的先入者都能夠有效地利用這些優勢。一些先入者可能在競爭的洪流中敗下陣來，而另一些儘管在激烈的市場競爭中得以倖存，卻可能因為資源的過度消耗而變得脆弱，從而無法維持快速增長的步伐。在一些情況下，他們甚至可能在新興的強大競爭者面前失去市場主導者的地位。

當跟隨者尚未進入之時，先入者可以選擇三種行銷策略作為防範，分別是大眾市場滲透策略、特定市場滲透策略、撇脂型撤退策略。

大眾市場滲透策略就是在先入市場之後，迅速與儘可能多的潛在消費者進行交流，以較低的價格在短期內銷售先入者的產品，利用「規模經濟」和「經驗曲線」的優勢在跟隨者進入市場之前降低單位成本，並培育大批忠誠的消費者。

特定市場滲透策略與大眾市場滲透計劃的一個最大的不同點，在於創業者需要將產品集中於某一細分市場當中，而不是歸於沒有細分的大眾市場之上。這樣可以幫助實力較弱的先入者充分利用他們手中有限的資源，僅在一個細分市場中全力做好競爭前的準備工作，而避免未來與實力強大的競爭對手發生全面的市場競爭。

會有一些先入者從創業開始就考慮選擇撇脂型撤退策略，這種策略特別適用於規模小、資金少，但是研發能力較強的創業企業。企業在進入行業市場之初，可以指定一個較高的價格，僅開展有限的廣告和促銷行為，以節省費用支出。高價格會為企業帶來豐厚的利潤，企業可以儘快在短期內收回研發成本。與此同時，企業需要利用其較強的研發能力，抓緊一切時間研發更加先進的新一代產品或應用技術，當強大的競爭對手出現時，先入者無須戀戰，可以主動放棄目前現有的舊產品和已經開始縮水的利潤，隨後及時推出基於新技術的新產品系列，通過及時地轉換賽道，創業者可以將新產品快速應用於新的細分市場當中。

當行業進入成長階段，競爭通常會加劇，跟隨者企業可能會紛紛進入市場。創業者作為市場的先入者和初期的主導者，需要細緻地分析市場的動態變化，這包括：

- **競爭對手的增加：**評估市場上新進入者的增長數量和他們的競爭力。

- **消費者偏好的變化**：監測消費者偏好是否發生轉變，以及這些變化對產品需求所產生的潛在影響。
- **產品創新的威脅**：考慮行業內外的產品創新是否對現有產品構成威脅，或者是否創造了新的競爭領域。

同時，初創企業還需要評估自身是否能夠維持預期的銷售增長和市場份額，以便思考是否可以保持先入者的市場主導地位。這涉及對內部的能力審視，包括生產能力、財務狀況、品牌影響力等。在戰術層面，先入者可以採取以下策略來應對市場競爭：

（1）正面防禦

努力提升企業自身的實力，通過各種定價、促銷等手段提高消費者的滿意度與忠誠度。同時利用早期使用者的體驗來大力發展後期使用者的數量，這種戰術的前提是先入者的產品比較受消費者的喜愛，已經具有了一定的產品知名度。消費者與市場的需求比較單一，當前的競爭對手實力相對有限。

（2）側翼防禦

為了更好地協同正面防禦的戰術，避免競爭者繞過自身產品有實力的功能而採取側面進攻去攻擊現有產品的薄弱環節，類似於側翼受到威脅。先入者可以考慮開發一些防禦品牌或者對抗品牌，直接與競爭對手產品進行競爭，以期使競爭對手無暇與先入者進行直接的主要產品或者品牌薄弱環節的競爭衝突。

（3）正面對抗

如果競爭對手直接攻擊先入者的主要產品和相關品牌，而先入者又很難抵擋那些資金充足、頗具實力的競爭對手正面的進攻，先入者只能選擇直接面對，如果先入者已經預估出將來面臨挑戰之前能夠先於對手採取行動，可以採取改進產品、加強促銷、降低價格、簡化渠道等手段來提高主要產品的市場吸引力，可以儘量早一步佔據競爭的主動地位。

(4) 市場擴張

當先入者發現目前競爭對手的資源和實力相對薄弱，在相應的細分市場中，先入者的行銷能力和擁有的資源遠強於競爭者，先入者可以將自己的核心技術用於產品線擴張、開發新的品牌並同時擴張至多個細分市場當中，這種擴張方式保護了先入者的市場份額，大力爭取到一些新的消費者群體，做好迎接具有實力的潛在競爭者的挑戰準備。

(5) 戰略撤退

當先入者發現市場上已經存在大量實力強大的競爭對手或者即將進入的潛在競爭對手時，在一個或者幾個細分市場中，如果先入者的產品並不能夠獲得消費者的青睞，同時品牌知名度也不高，而且在先入者本身的資源和實力也非常有限的情況下，先入者為了節省資源需要考慮實施戰略撤退，退出規模小或者增長緩慢的某些細分市場，避免與競爭對手產生直接衝突而白白損失企業的資源與實力。

7.4.2 創業者作為市場跟隨者的競爭戰術

如果創業者進入了已經有先入者率先進入的行業，作為跟隨者，創業者應該採用哪些戰術保障市場競爭的成功可能性呢？一般而言，作為跟隨者已經落後於先入者，所以保守的行銷方式往往不會起到很好的作用，跟隨者需要制定出針對競爭對手所推出的產品，進行針鋒相對的競爭戰術，以技術差別化等手段形成競爭優勢。並大力針對尚未開發或者尚未完全開發的細分市場，對競爭對手實施快速的定位打擊與擴張。在短期內對實力較弱的先入者可以採取包抄的戰術。但是跟隨者須避免與實力強大的先入者或者其它競爭者發生直接衝突或者競爭。

跟隨者的戰術往往都是具有侵略性的，因為跟隨者需要從先入者或者其它競爭對手那裏搶奪市場份額。這時，可以根據不同的市場情境和跟隨者自身的特徵，將競爭戰術劃分為：正面進攻、跳躍進攻、側翼進攻、圍堵進攻四種。以下分別對四種戰術方式進行描述：

(1) 正面進攻

當跟隨者與競爭對手，尤其是先入者相比較時，發現對手實力較弱，如果跟隨者本身的研發與行銷能力比較強大，那麼在行銷與產品功能方面很容易找到正面對抗的突破口。假設在市場上消費者並沒有忠誠於哪個品牌的情況下，跟隨者可以通過針對先入者的主要產品，採取正面進攻的方式，直接奪取其現有消費者。假設跟隨者實力足夠強大，可以通過更低的價格搶奪新消費者。如果跟隨者研發能力強大，則可以通過改進產品技術形成更具吸引力的功能來吸引新消費者。

(2) 跳躍進攻

跟隨者在評估市場時，如果發現先入者的市場行銷實力比較強大，但是技術研發能力不足，而市場上的產品又比較單一化，產品功能並未達到或者實現消費者真正的需求和目的。同時，如果跟隨者本身具備了更先進的專用技術和新產品的潛在研發能力，還具有一定的市場推廣能力和資源支持，則可以採取跳躍化地推出先進的新產品以吸引現有消費者和潛在消費者，用更先進的技術與功能直接吸引和促使消費者更換品牌。甚至跟隨者可以通過突破性創新直接顛覆一個行業。

(3) 側翼進攻

當跟隨者發現先入者的競爭能力比較強大，他們同時具有較強的研發能力和行銷能力。作為跟隨者的創業者，儘管自身的資源和能力不足以與先入者匹敵，但如果集中全部力量足以進攻或滲透進至少一個細分市場當中，創業者通過對少數細分市場消費者的精準定位，可以提供更符合消費者需求的產品。有針對性地建立與發展細分市場的新消費者，以搶奪局部的市場空間，避免在整個大眾市場與先入者直接衝突，通過蠶食細分市場的方式逐漸建立起競爭優勢。

(4) 圍堵進攻

如果市場具有清晰的細分可能，跟隨者的產品無論在功能還是在研發方面，均可以在多個細分市場建立較強的競爭力。為了防止跟隨者的正面進攻，作為先行者為主的競爭對手產品雖然也覆蓋了不同的細分市場當中，以便用於側翼防守，但其實力會較弱於跟隨者，而且消費者在現有的市場上尚未建立品牌的忠誠度。跟隨者可以採用圍堵的方式在每一個細分市場中發起進攻，並爭取通過自身產品的優勢在所有的細分市場上佔據有利地位，全面滿足不同細分市場中的消費者需求。

無論創業者扮演哪種角色，關鍵在於必須理解市場的動態，從而制定明智的市場決策，並依託持續的創新以適應不斷變化的市場環境。通過這些方法，無論以何種角色出現，創業者均可以提高自己在激烈市場競爭中成功的可能性。

第 8 章

成功的助推器——創業融資

學習目標

通過對本篇的學習，您將了解到：

1、創業融資為甚麼對於創業者而言非常重要？

2、風險投資者具有哪些鮮明的特徵？融資需要包括哪些與眾不同的流程？

3、創業者和投資者如何對初創企業進行合理化的估值？

引入案例

全球知名的旅行房屋租賃社區 Airbnb 由 Brian Chesky、Nathan Blecharczyk 和 Joe Gebbia 在 2008 年共同創立。這個平台的誕生標誌着旅行住宿領域的一次革命，但其創業歷程並非一帆風順。在公司成立的初期，Airbnb 的創始人們遭遇了資金短缺的嚴峻挑戰，這一問題直到他們與風險投資結緣才得以緩解。通過與紅杉資本（Sequoia Capital）等知名風險投資公司的合作，Airbnb 獲得了至關重要的啟動資金。隨着這筆資金的注入，不僅幫助 Airbnb 在競爭激烈的市場中穩固了地位，更為其後續的快速擴張和產品創新注入了活力。

隨着時間的推進，Airbnb 持續吸引着更多的風險投資，這些資金的注入極大地助力了公司業務範圍的拓展和品牌知名度的提升。2019 年，Airbnb 成功地進行了首次公開募股（IPO），一躍成為全球最有價值的初創公司之一。

風險投資為 Airbnb 帶來的不僅僅是資金上的支持，還包括了豐富的資源、專業的指導和深刻的市場洞察。這些資源和指導支持和幫助了 Airbnb 在快速成長和市場擴張的道路上得以更加穩健地前行。通過精心制定和執行有效的戰略規劃，加之風險投資的有力支撐，Airbnb 已經從一個小規模的創業公司，蛻變為全球知名的線上房屋租賃平台，為全球旅行者提供了全新的住宿選擇。Airbnb 的發展歷程，生動地展示了風險投資如何助力一個簡單創意，使其成長為一個全球性的企業巨頭。

在企業家們踏上激動人心的創業之旅以前，他們必然會深思熟慮如何籌集到至關重要的初始資金，這筆資金有時也被稱作啟動資本。大多數創業者會選擇通過借款或股權融資這兩種常見的融資方式來籌集所需要的資金。他們渴望找到那些與他們志趣相投的合作夥伴，這些夥伴願意以資金入股的方式加入他們的創業計劃，並在未來共同分享創業成功帶來的豐厚回報。

同時，創業者也可能會考慮自籌資金或者通過借款的方式來籌集資金。他們的家人和朋友可能會願意伸出援手，借給他們一部分啟動資金來支持他們的創業夢想。除此之外，創業者還可以尋求銀行的貸款支持，但是銀行在放貸時通常會對借款人有一定的要求，創業者是否能滿足這些要求，將決定他們能否成功地從銀行獲得貸款。

在創業的早期階段，許多創業者在融資過程中會面臨一個關鍵的選擇：是選擇股權融資還是借款融資？對於自己的創業項目充滿信心的融資者來説，如果他們預計創業項目能夠帶來高利潤回報且風險較低，他們往往更傾向於選擇借款的方式來融資。他們寧願在未來償還給借款人固定的本金和利息，也不願意放棄自己的股權，從而減少他人對創業者可能帶來的高額回報的分享。相反的情況是，如果創業者認為他們的創業項目存在較大的不確定性或風險較高，則可能選擇通過股權融資的方式來分散風險。這是因為無論創業項目最終是否盈利，借款都是必須償還的，而借款人並不會與創業者共同承擔創業過程中可能遇到的風險，但股權人則必須與創業者共同擔負這份可能的風險。

一個有趣的現象是，投資人與融資人（即創業者）在觀念上往往持有截然不同的看法。當投資人經過仔細評估後，認為創業者的創業項目不僅具有光明的發展前景，而且預期的利潤回報率較高，同時風險相對較低，他們會更傾向於通過購買股份的方式進行投資。這樣的投資策略使得投資人能夠期待分享到創業項目成功帶來的紅利。

相反，如果投資人在評估過程中發現創業項目可能會遇到許多不確定因素，甚至存在失敗的風險，他們可能會選擇不進行投資。或者，他們可能會選擇以要求較高利息回報率的借款形式向創業者提供資金，這樣做可以在一定程度上保證他們能夠收回本金並獲得利息，從而形成一種相對低風險的金融交易模式。

正是由於投資人與融資人在金融理念上的差異，他們之間就像一面鏡子形成了互為映射的關係，使得創業融資的過程充滿了談判和技巧。雙方都致力於在整個創業過程中確保自己的利益最大化，保持主動並將風險降至最低。隨着創業活動的全球化，各種類型的風險投資市場也應運而生，這不僅極大地推動了創業者社會化融資的擴張熱情，也為創業的成功提供了重要的推動力。

8.1 創業發展與融資介紹

8.1.1 創業階段融資

創業者在思考是否需要融資時，首先該明確目前需要多少資金和期限結構。也要思考如何使用好這筆資金。在創業的不同時期，創業者可能根據需要進行多輪次的融資，一般而言，根據創業融資的不同特點和用途可以分為三個階段。

在創業的早期階段，融資對於初創企業而言是一個極具挑戰性的任務，因為這個階段的融資風險和成本都相對較高。本階段的融資主要分為兩種類型：種子資本和啟動資本。種子資本主要用於驗證創業項目的可行性，而啟動資本則用於產品的研發和推向市場，為企業提供啟動階段所需的資金。由於這兩種資本在初期很難證明其潛在的回報率，因此通過社會化風險投資來獲得資金將變得非常困難。在這種情況下，創業者通常需要依靠自己的儲蓄，或者合夥人、家庭成員以及親朋好友的支持來籌集這兩項資金，當然也不排除創業不久就可能出現天使投資人的介入。在初期階段，融資主要用於補充流動資金，以解決創業初期流動性不足的問題。

隨着初創企業的發展和擴張，風險投資人的角色將變得愈來愈重要。企業在不同發展階段的融資需求也將有所不同，當企業進入中期階段，如果已經跨越了盈虧平衡點，企業甚至已經開啟了盈利模式，那麼中期融資的資金將更多地用於主營業務的擴張。

在後期階段，很多企業更多地依賴於過渡性的後期融資，以完成上市前的準備工作。然而，這個階段也可能出現企業在特殊時期的融資方式，包括通過獲取企業部分股權或控制權的兼併，通過購買當前股東股份以獲取企業控制權的收購，以及公司大股東回購在外流通的公司股份等活動。這些融資方式有助於企業在特定時期實現戰略目標，如擴大市場份額、增強競爭力或優化資本結構。

8.1.2 天使投資人

天使投資人是一類獨特的風險投資家，他們通常是一群財力雄厚的個人投資者，願意承擔一定的投資風險，形成了一個本質上的資本群體。他們在眾多創業項目中尋找投資機會，熱衷於在創業的早期階段發現那些具有潛在利益的項目。通過股權融資等方式，天使投資人可以直接向初創企業提供資金支持，以幫助創業者在早期發展的階段獲得必要的資金。他們的投資通常會成為創業者在早期創業時資金的主要來源之一。

由於天使投資人往往在創業者最需要資金的早期階段出現，此時創業者通常面臨現金流不足的問題，因此他們的及時投資被賦予了「天使」的美譽。然而，由於創業初期的風險極高，天使投資人在這種高風險環境下，往往期望去尋求高回報效果，因此在投資前的談判中，他們常常會向創業者要求獲得較高的企業股權比例。

許多天使投資人特別偏好科技型的創業模式。他們相信創業者可以藉助科技的力量來快速推動自己的創業之路，這意味着投資人將獲得快速的回報。天使投資人對科技的價值和前景有着深刻的理解，他們清楚地知道，如果企業在科技發展上停滯不前，很快就會被後來者所替代和超越。因此，他們認為唯一的解決辦法是與創業者緊密合作，迅速發現並開發更新穎的產品和技術，並通過他們所投資的資金將這些新產品、新技術快速商業化。他們致力於加速產品的上市週期，以期儘快實現投資回報。

在風險規避方面，天使投資人與普通風險投資機構之間存在着明顯差異。這種差異主要源自於他們關注的企業發展階段的不同，因此，他們採取的風險評估方法也不盡相同。天使投資人通常將目光集中在創業的初期階段，他們更關注於初創企業內部的風險，特別是企業內部不同利益群體之間可能出現的分歧或衝突。在實際操作中，天使投資人更加重視創業者的個人特質、創業團隊的特點、股權結構以及管理機制等問題。對於外部風險，天使投資人則更依賴於所信任的創業者實施的防範。

從天使投資人的角度來看，一個一流的創業團隊加上一個二流的創業項目，往往比一個一流的創業項目加上一個二流的創業團隊更加具有吸引力。因為天使投資人更看重創業過程中「人」的因素，他們相信只有優秀的、可靠的、穩定的創業團隊才能在高風險的環境中確保初創企業的生存和發展，從而最大限度地保障天使投資人的投資回報。

總結而言，天使投資人在創業金融市場中扮演着非常重要的角色。創業者如何說服並贏得天使投資人的投資至關重要。以便將這些資金有效地轉移到最需要它們的人手中，推動整個社會事業的發展。雙方在創業初期的高風險環境下合作的同時，創業者往往需要出讓相當一部分股份，以換取天使投資人的資金投入，因為在金融市場中的資本總是在不斷逐利的。

8.1.3 風險投資機構

風險投資行業的發展和繁榮是產業環境繁榮發展的大勢所趨，對於一家初創企業來說，雖然在融資方面可以考慮向銀行等金融機構申請貸款，以緩解企業運營過程中不斷緊張的現金流問題。但銀行等金融機構的貸款標準通常是非常嚴格的，他們不會將創業者有吸引力的創意和新技術作為發放貸款的依據，他們更關注企業擁有的固定資產數量以及這些資產的市場價值是否足以償還計劃中的貸款金額。實際上，大多數初創企業的固定資產非常有限，作為抵押將很難獲得銀行大規模貸款的批准。同樣的道理，絕大多數的投資銀行和一些基金也會因為投資者在法律和操作規範上所規定的限制而無法投資於初創企業。然而，風險投資機構恰好能夠填補這一空白。

許多人誤以為風險投資機構僅僅是為了投資那些規模雖小但增長迅速的企業而設立的。更準確地說，風險投資機構是專門管理投資所有人資金的機構，它們通過投資等手段為財富所有者獲取一定比例的投資收益和利息費用。風險投資機構為投資人提供相對較高的投資回報率，以吸引私人投資基金或企業財富投資。對於創業者而言，來自風險投資機構的資金能夠為他們提供足夠的發展空間，以吸引更好的創業創意並實現高額的創業回報。風險投資機構的資金投入主要集中在初創企業的發展和擴張階段，在這一階段，許多創業者期望通過與風險投資機構進行多輪次的融資合作，通過投資機構對初創企業的長期投資，加速企業發展的步伐，以實現企業最終上市的階段性目標。風險投資機構同樣期望通過投資於高風險的創業企業，並通過獲得股權的方式獲取高額的預期回報。

普通風險投資機構往往在創業的中後期階段才可能進行投資。在這個階段，創業者在天使投資人首輪融資的基礎上，可能已經取得了一定的成就，企業也往往已經突破了發展中的瓶頸，複雜的合同條款和內部規章已經有效地解決了公司內部治理結構的問題，因此企業內部風險相對不再是主要關注點。因此，風險投資機構通常將關注點從內部風險轉移到防範市場的外部風險當中。

風險投資機構並不追求控制創業者的企業，他們更傾向於通過創業者來承擔更多的風險。在企業的高層管理中，風險投資者通常會爭取至少一個董事席位，以便在公司的重大決策中發揮作用。一旦成功投資，風險投資機構通常會全力以赴地支持創業者及其管理團隊，通過董事的身份為企業提供建議和指導。

然而，風險投資機構與創業者的目標有時候也會出現不一致，甚至出現截然相反的觀點。特別是在企業經營遇到困難時，這種差異可能尤為明顯。例如，風險投資機構更傾向於企業在短期內獲得更多的收益，他們認為投資回報愈早收回則風險就愈低，因此更傾向於關注那些看似風險較低、收益較快的短期項目。相比之下，創業者往往更關注企業的長期生存和發展，他們可能更注重培養長期效益，而非短期的回報。一些創業者甚至認為過分追求短期利益無異於「殺雞取卵」，是一種自毀長城的行為。

如何解決這種矛盾呢？這需要創業者與風險投資者之間共同建立一種相互理解和信任的關係。因為風險投資者的資金往往對企業有着長遠的影響。無論未來的創業道路是否平坦，雙方都需要同舟共濟、相互支持。當創業者面對來自內外部的風險時，雙方都需要共同分擔，堅持最初的創業目標。通過建立有效的溝通機制和共同的價值觀，創業者和風險投資者可以找到平衡點，進而實現共贏。這不僅有助於企業的穩定發展，也有助於風險投資者實現其投資回報的目標。在這個過程中，雙方都需要展現出靈活性和戰略眼光，以確保企業能夠在不斷變化的市場環境中茁壯成長。

8.2 風險投資過程

創業者在尋求資金支持時，他們關心的是如何有效地接觸到潛在的投資人，了解投資人在考慮投資時關注的關鍵因素，以及投資人是如何具體評估企業價值和資本需求的。這些因素通常包括企業的商業模式、市場潛力、競爭優勢、財務狀況、管理團隊的能力和經驗以及產品的創新性和可行性。

為了吸引投資人的注意，創業者需要準備一份詳盡的商業計劃書，清晰地闡述企業的願景、目標市場、行銷策略、財務預測和資金的使用計劃。除此之外，創業者還應該展現出他們對行業的深刻理解，以及對初創企業未來發展的清晰規劃。投資人在評估投資機會時一般會考慮多個維度，包括企業的增長潛力、行業趨勢、競爭環境、團隊執行力和企業的財務健康狀況等。他們還會對企業的估值進行分析，以確定投資的價格是否合理。投資人可能會通過財務模型、市場調查，以及藉助行業專家的諮詢來完成這一評估過程。而創業者所關注的是如何接觸到投資人、投資人關注哪些因素、以及投資人如何具體進行資本評估等。

8.2.1 如何接觸投資人

接觸投資人是創業融資過程中的一個關鍵步驟。創業者需要精心策劃如何找到並接觸到那些對他們的行業或領域感興趣的投資人或者投資機構。由於不同的投資人可能對特定的行業或技術領域有着特定的興趣，因此，創業者首先應該識別出哪些是可能對他們項目感興趣的投資方。

創業者可以通過多種渠道來尋找潛在的投資人，包括：互聯網搜索、行業會議、創業競賽、專業網路以及通過已有的人脈關係等等。這些渠道可以幫助創業者發現那些與他們的業務領域相匹配的投資人，並了解這些投資人的投資歷史和偏好。

一旦確定了潛在的投資人，創業者應該以專業和認真的態度去接觸他們。這包括準備一份精煉的商業計劃書，如果可能的話，創業者可以為投資人準備一場商業計劃的演示。這份計劃書應該簡潔明了，能夠快速抓住投資人的注意力，同時展示出企業的願景、市場機會、競爭優勢、團隊實力和財務預測等。

在與投資人的初步接觸中，創業者可以通過電子郵件、電話或通過共同的連絡人進行介紹。在這個階段，創業者的目標是引起投資人的興趣，以便能夠安排一次面對面的會議或演示。在會議中，創業者應該準備好回答投資人可能提出的各種相關問題，並展示出他們對企業未來發展清晰的規劃和對行業趨勢深刻的理解。除此之外，創業者還應該注意維護與投資人的關係，即使在初次接觸後沒有立即獲得投資，保持聯繫也可能在未來為創業者帶來新的機會。通過持續的溝通和更新投資人關於企業進展的資訊，創業者的名字將可能保持在投資人考慮投資的名單上。

在與投資人的初步接觸中，創業者要特別注意以下事項：

- 儘量在同一段時間內專心與一位投資者溝通投資事宜，不要同時與多個投資者商議合作。
- 儘量通過可靠的中間人或者聲望良好的中介機構接觸投資人，沒有預約的直接叩門接觸會讓某些投資人感覺創業者有些失禮。
- 創業者在首次見面時儘量單獨或者最多帶一位重要同事一起與投資人交流，儘量不要帶律師或者會計師去談判。

- 創業者需要仔細聆聽投資人的需要和投資條件，不要因為很期望拿到投資而輕易做出不切合實際的承諾。
- 創業者在與潛在投資人溝通過程中，一定要如實敘述自己和企業的實際情況，不要刻意隱瞞一些問題或者不足。否則會導致創業者未來的信用喪失，合作失敗。
- 不要過分參考別的創業者融資模式照搬到自己的創業項目當中來，因為每一名投資人都具有獨立思考能力，不會被創業者的設計方案所牽制。
- 如實地反映自己的產品功能和技術，不要過分吹噓，否則只會給投資人留下很不好的印象。
- 創業者需要明確投資人的投資適用於企業的哪些發展，而不是填堵目前的企業虧損。
- 在首次交流以後，不要屢次催促潛在投資人的回覆，需要具有一定的耐心來等待投資人最後的決定。

8.2.2 投資人關注的因素

首先，投資人非常看重由創業者領導的創業團隊的構成。他們期望創業者不僅要具備良好的個人素質，而且對創業項目還要有深入的專業知識，能夠積極、主動地回答投資人提出的問題。在投資人看來，創業者必須對自己的創業項目充滿着熱情和追求，他們應該身體健康、品質正直、信譽良好、具備強大的抗壓能力，並且願意理解和幫助他人。除此之外，投資人對創業團隊成員也抱有一定的期望，他們會關注團隊成員是否具備豐富的管理經驗、卓越的管理技巧、專業的技能、高尚的品德和無私的奉獻精神等特質。甚至投資人有時會深入地了解創業者和團隊成員的家庭背景，正如一些投資人所言：「如果一個人連自己的家庭都管理不好，很難相信他有足夠的精力和能力成功地經營和管理一家企業。」這種觀點反映了投資人對於創業者個人品質和家庭責任感的重視，他們認為這些因素可能會影響創業者在企業運營中的表現。

其次，投資者會持續關注創業者的產品是否在市場中具有獨特性和差異性，是否能夠帶來可持續的投資回報。在創業初期，產品的獨特性和差異性是創業者在競爭中獲勝的關鍵因素。因此，創業者需要確保他們的產品或服務在市場上是獨一無二的，並且能夠滿足特定消費者群體的需求。為了增強產品的競爭力，創業者還需要通過專利保護等法律手段來建立起他們的技術壁壘，這有助於保護其創新成果，防止競爭對手的模仿或侵犯，從而延長產品的競爭優勢。對於中小規模的初創企業來説，如果選擇生產大眾化產品並參與低價競爭的策略，則可能會面臨巨大的市場壓力和生存挑戰。因此，創業者必須尋求與市場主流產品差異化的策略，確保產品在市場上具有獨特的、持久的競爭力。除此之外，創業者還需要為潛在投資者展示其產品或服務如何能夠帶來可持續化的投資回報率。這通常意味着他們需要利用明確的商業計劃來展示如何通過產品的銷售的提升、市場份額的擴大和利潤的增長來實現資本的增值。只有當投資人看到產品不僅具有市場競爭力，而且還能夠帶來可觀的財務回報時，他們才可能被説服而進行投資。

再次，投資人在考慮是否對某項投資產品給予關注時，往往會基於對特定行業的傾向和自我認知。如果創業者的項目與產品恰好位於投資人不認可或不感興趣的行業領域，即便創業者堅信該項目具有巨大的投資回報潛力，通常也很難説服投資人進行投資。投資人通常會根據自己對行業的理解、過往的投資經驗以及市場趨勢來選擇投資領域。他們可能會傾向於那些他們認為有長期增長潛力、技術創新或社會變革潛力的行業。因此，如果一個創業項目不符合投資人的這些標準，即使項目本身在其它方面表現得多麼優異，可能也難以吸引投資人的興趣。

最後，需要特別注意的是，絕大多數風險投資機構都會選擇在最適宜的時機進行投資，以期在風險可控的情況下獲得儘可能高的回報。如果投資過早，可能會面臨初創企業較高的不確定性和風險；如果投資過晚，可能會錯失獲取企業較大股權比例的機會，從而影響最終的投資回報。在市場競爭最為激烈的時候進行投資，可能會因為競爭過於殘酷而導致企業無法生存，致使投資損失慘重。因此，在風險投資領域，經常會出現這樣的情況：當企業處在成長的某個階段，儘管企業並不缺乏資金，但許多風險投資人卻爭相投資。而當企業面臨更多挑戰和不確定特性時，創業者真正需要從外部融資獲得支持的時候，卻很少有風險投資人願意介入。這種現象反映了風險投資機構在投資決策中對時機的敏感性和對創業風險的合理規避。

8.2.3 資本評估過程

資本評估過程是風險投資中的關鍵環節，它涉及到對初創企業價值的全面分析和評估。過程通常包括以下幾個步驟：

(1) 初步篩選

風險投資機構或者天使投資人往往通過商業計劃書進行初步篩選，他們通過計劃書的內容並結合實際的經營與市場環境、產品獨特性、項目可持續性、技術趨勢、人力資源情況、行業特徵等多種因素進行綜合考慮。創業者個體特徵也將作為投資人重點判斷的重要依據。

(2) 評估草擬

投資人將可能與創業者就投資方式和股權分配等內容進行多輪次的談判，他們將會重新分配雙方的權利與義務關係、風險承擔與收益獲得等因素之間的平衡。在談判的基礎上，投資人可以對該項目草案進行初級的評估，將雙方合作中一些根本的、重大的談判共識體現在草案之中。儘量使雙方原則上都支持該協議草案的內容。

(3) 條款修正

這是一個比較漫長的階段，在這個階段中，投資人需要詳細了解該初創企業的經營計劃以及財務計劃。同時還需要關注企業以往的經營資料、技術資料和財務資料，以求得全面了解初創企業所面臨的市場、行業、財務、供應鏈、甚至競爭者的諸多資訊，並將這些資訊的關注轉換到具體的合作條款當中。

(4) 最終評估

將最終評估結果製成一份詳細的備忘錄，備忘錄將總結風險投資機構或者天使投資人全部的發現與關注，也可以具體描述出投資方投資條款和投資條件的詳細內容，這些資訊將來可以用於製作正式的法律文件。如果最終一切評估順利，創業者與投資人將就某項投資順利簽字成交。

8.3 公司估值

公司估值是企業股權融資、兼併與收購過程中至關重要的一環。如果公司估值過高，投資者可能會因為支付過高的收購價格或獲得的股份比例過低而遭受損失。相反，如果公司估值過低，則可能導致企業被低估出售，或者創業者因出讓過多股份而損失重大，他們甚至可能會進一步失去對企業的控制權。因此，如何合理地評估一家初創企業的價值成為了一個關鍵問題。進行公司估值時，創業者或者投資人通常會結合多種方法來進行估值，以獲得一個更為全面和合理的公司價值。除此之外，還需要考慮市場環境、行業趨勢、公司的增長潛力、管理團隊的品質以及宏觀經濟因素影響等多種因素的共同作用，這些都可能對公司估值產生重要影響。合理的公司估值不僅能夠保護投資者的利益，也有助於創業者保持對公司的控制權，同時也為公司未來的發展提供資金支持，因此投資者需要從以下幾個因素進行公司估值的考慮。

- **企業性質和歷史經營情況**：能夠反映企業的經營實力、面臨的經營風險以及其可持續發展的能力。歷史經營情況資料提供了企業過去表現的證據，有助於預測其未來的表現。

- **宏觀經濟情況和行業特點：**了解宏觀經濟趨勢和行業特性對於預測企業未來的發展方向至關重要。投資者可以通過分析這些因素，更清晰地預測行業的整體發展趨勢。

- **企業目前的財務狀況及公司淨資產價值：**通過審查企業的財務報表，投資者可以獲得企業真實的財務狀況，這包括資產、負債和所有者權益的情況等。

- **企業分紅政策：**企業是否具有發放紅利的能力，或者是否選擇將利潤再投資以擴大經營規模，這些都是評估企業價值的重要因素。

- **收入、成本、費用的詳細分析：**通過對公司的收入、成本和費用進行深入分析，可以明確企業未來的盈利能力和經營效率。

- **同行業比較：**參考同行業內其它類似企業的資料，並與之進行比較，可以説明投資者評估目標公司的市場地位和競爭力。

- **商譽：**對於初創企業而言，是否已經建立了一定的商譽，是投資人估值時需要考慮的重要因素。商譽反映了企業的品牌價值、消費者忠誠度和市場影響力，這些都是企業無形資產的重要組成部分。

在參考以上因素的基礎上，投資者可以找到一些相似行業的上市公司及其證券的價格和市盈率 (P/E) 參數，進行參考並給予進一步分析，除此之外，還需要充分考慮到當前的宏觀經濟的影響情況。相關資料收集後，投資者可以使用某些評估方法來對初創企業進行投資估值。

投資人可以選擇評估企業的若干種不同方法。例如，根據企業賬簿所反映淨資產數額的賬面評估法；通過利潤與利潤乘數共同加權產生的利潤評估法；通過設置利潤、賬面價值和股利等不同因素的權重而獲得價值的因素評估法等。但由於投資者往往需要考慮到時間對財富價值的影響，因此考慮過貨幣時間價值的現值評估法是一種很好的評估方式。以下用兩種方法舉例説明如何計算風險資本的權益。

8.3.1 忽略時間影響的估值案例

如果投資者給定了預期投資的金額，需要考慮分享公司的股份權益比例，可以給出忽略時間對財富影響的評估方法。

例 1：如果一家公司需要 600,000 港幣的創業資金，估計可以實現利潤為 800,000 港幣。某家風險投資機構希望在投資後，可以獲得 5 倍的投資回報，而同行業業務類型相似的企業市盈率（P/E）一般為 10，風險投資人應該至少獲得公司多少股權比例才能夠保證其預期回報率？

$$風險投資權益比例=\frac{預期投資額\times預期回報倍數}{企業預估利潤\times可比企業的市盈率}$$

$$=\frac{600,000\times5}{800,000\times10}$$

$$=37.5\%$$

結果顯示投資人至少需要獲得 37.5% 的股份，才能夠保證其預期的回報率。

8.3.2 考慮時間影響的估值案例

如果投資者給定了預期投資的金額，需要考慮分享公司的股份權益比例，可以給出考慮時間對財富影響的評估方法。

例 2：如果一家公司需要 500,000 港元的創業資金，估計在五年內稅後利潤可以達到 800,000 港元，同一行業相似公司的企業市盈率（P/E）一般為 15，投資人希望可以每年獲得投資額 50% 的複利回報，那麼投資人需要獲得多少股權比例才能夠保證投資人的預期回報率？

$$公司現值=\frac{企業預估利潤\times可比企業的市盈率}{(1+預期投資回報率)^n}$$

$$=\frac{800,000\times 15}{(1+0.5)^5}$$

$$= 12,000,000/7.59=1,581,027$$

風險投資權益比例 = 創業資金 / 公司現值

=500,000/1,581,027

=31.6%

結果顯示投資人至少需要獲得 31.6% 的股份，才能夠保證其預期回報率。

主要參考文獻

Hampden Turner, C. and Trompenaars, F. (2000). *Building Cross-Cultural Competencies: How to Create Wealth from Conflicting Values.* New Haven, CT: Yale University Press.

Jeffry Timmons, Stephen Spinelli (2008). *New Venture Creation: Entrepreneurship for the 21st Century*, 8th Edition. McGraw-Hill/Irwin.

John Mullins, Orville C. Walker, Jr. Barbara Jamieson and Harper W. Boyd, Jr (1996). *Marketing*. The McGraw-Hill Companies, Inc.

Kelley, T. and Littman, J. (2001). *The Art of Innovation.* New York, NY: Currency/Doubleday.

Kim, W.C. and Mauborgne, R. (2005). *Blue Ocean Strategy: How to Create Uncontested Market Space and Make the Competition Irrelevant.* Boston, MA: Havard Business School Press.

Porter, M.(1980). *Competitive Strategy.* New York, NY: Free Press.

Porter, M.(1985). *Competitive Advantage.* New York, NY: Free Press.

Porter, M.(1998). *On Competition.* Boston, MA: Harvard Business School Public Corp.

Slywotzky, A. and Morrison, D.(1999). *Profit Patterns.* New York, NY: Times Business.

陳晟（2017）. 創新動機特徵如何影響創新行為，金琅學術出版社，ISBN: 978-3330822641

陳晟，趙春舒（2019）. 構建戰略方式動態框架的探索性研究，企業技術開發，38 卷（08），09-12 頁 . DOI: cnki: sun: qyjk.0.2019-08-003

陳晟，趙春舒（2019）. 消除大爆炸創新週期中「熵階段」的探索性研究，價值工程，Vol.25，I24-I26 頁 . DOI: cnki: sun: jzgc.0.2019-25-050

陳丁琦，蕭顯揚，陳淑慈（2016）. 創新之道——創新者必須回答的九個問題，機械工業出版社，ISBN：978-7111519041

陳曉萍（2005）. 跨文化管理，清華大學出版社，ISBN：978-7302439295

克萊頓・克里斯坦森（1997）. 胡建橋譯，創新者的窘境，中信出版社（2010），ISBN:978-7508618739

拉里・唐斯，保羅・紐恩斯（2012）. 粟之敦譯，大爆炸式創新，浙江人民出版社（2014），ISBN:978-7213062612

李志能，郁義鴻，Robert D. Hisrich（2006）. 創業學，復旦大學出版社，ISBN：978-7309024648/F.578

加里・皮薩諾（2019）. 變革性創新，中信出版社，ISBN：978-7521709032

許長榮，李良婷（2008）. 創新力，黑龍江科學技術出版社，ISBN：978-7538858624

周航（2018）. 重新理解創業——一個創業者的途中思考，中信出版社集團，ISBN：978-7508695303

香港珠海學院
新動力・新金融

創業，從無到有的旅程
——創業者必備的八項修煉

陳晟、雲麗虹、孔笑微、張俊喜 著

責任編輯　熊玉霜
裝幀設計　Sands Design Workshop
排　　版　楊舜君
印　　務　劉漢舉

出　　版　中華書局（香港）有限公司
香港北角英皇道 499 號北角工業大廈 1 樓 B
電話：(852) 2137 2338　傳真：(852) 2713 8202
電子郵件：info@chunghwabook.com.hk
網址：http://www.chunghwabook.com.hk

發　　行　香港聯合書刊物流有限公司
香港新界荃灣德士古道 220-248 號
荃灣工業中心 16 樓
電話：(852) 2150 2100　傳真：(852) 2407 3062
電子郵件：info@suplogistics.com.hk

版　　次　2025 年 7 月初版

規　　格　16 開（230mm x 170mm）

ISBN　978-988-8913-18-3